中國國情

知　識　讀　本

中　華　教　育

目 錄

我們的國家

　　我們的國家全稱**中華人民共和國**，簡稱中國。位於亞洲東部，太平洋西岸。陸地面積約960萬平方公里，僅次於俄羅斯和加拿大，位列世界第三。

國名：中華人民共和國

首都：北京

位置：亞洲東部，太平洋西岸

國旗：五星紅旗

國徽：五星照耀下的天安門，周圍是齒輪和穀穗

國歌：《義勇軍進行曲》

民族：56個民族

貨幣：人民幣

自然篇

遼闊的地域

　　中國地處北半球，位於亞洲東部。中國幅員遼闊，北起黑龍江省漠河縣以北的黑龍江主航道中心線，南到南沙群島的曾母暗沙，西起新疆維吾爾自治區烏恰縣烏茲別里山口，東至黑龍江省撫遠市黑龍江與烏蘇里江交匯處的黑瞎子島，南北相距約5500公里，東西相距約5200公里。由於緯度跨度很廣，因此，中國的南北地區季節溫差很大，冬春季節尤為明顯，冬季時最南端到最北端的溫差可達50℃以上，北方地區還在冰封雪飄，南方大地已經春暖花開。同時，中國國土的東西跨度也很大，東西時差達4小時以上，東部地區的人們迎來第一縷晨光的時候，西部很多地方的人們還在深夜的酣睡之中。

　　中國地處太平洋西岸，背陸面海，海陸兼備。這樣的海陸位置，既有利於同眾多海上鄰國的聯繫，也有利於同海外各國的交往。每年來自海洋上的濕潤空氣，帶來豐沛的降水，這是中國淡水資源的重要來源和發展農牧業生產的必要條件。

國土面積

　　中國的陸地面積約為960萬平方公里，約佔世界陸地總面積的1/15，差不多與整個歐洲的面積相等，在各國中僅次於俄羅斯和加拿大，居世界第三位。中國的海域總面積約473萬平方公里，其中，根據《聯合國海洋公約法》的規定，中國主張管轄的海域面積約為300萬平方公里，包括了內海、領海、毗連區、專屬經濟區和大陸架。

眾多鄰國

　　中國的陸地邊界總長約2.28萬公里，周圍有14個陸上鄰國，東鄰朝鮮，北鄰蒙古，東北與俄羅斯相接，西北的鄰國有哈薩克斯坦、吉爾吉斯斯坦和塔吉克斯坦，西和西南與阿富汗、巴基斯坦、印度、尼泊爾、不丹等國接壤，南與緬甸、老撾、越南相連。

　　與中國隔海相望的國家有韓國、日本、菲律賓、馬來西亞、汶萊、印尼。

　　在這些國家中，越南和朝鮮與中國既是陸上鄰國，又是海上鄰國。

中國疆域簡圖

歐亞板塊

太平洋板塊

印度板塊

南海諸島

中國鄰國列表

陸上					海上
東	南	西	北	西北	
朝鮮 俄羅斯	緬甸 老撾 越南	阿富汗 巴基斯坦 印度 尼泊爾 不丹	蒙古	哈薩克斯坦 吉爾吉斯斯坦 塔吉克斯坦	朝鮮 韓國 日本 越南 菲律賓 馬來西亞 汶萊 印尼 越南

海岸線、海區與島嶼

　　中國大陸海岸線自鴨綠江口至北侖河口，長達1.8萬公里。沿海岸線分佈的省級行政區包括遼寧省、河北省、天津市、山東省、江蘇省、上海市、浙江省、福建省、台灣省、廣東省、香港特別行政區、澳門特別行政區、海南省和廣西壯族自治區。

　　中國近海有五大海區，包括渤海、黃海、東海、南海及台灣太平洋以東海區。中國海域分佈着7600多個大小島嶼，其中面積在500平方米以上的島嶼有6500多個，主要分佈在東海和南海。面積最大的是台灣島，面積35798平方公里，海南島位列第二，面積為33900平方公里。主要羣島有長山列島、廟島羣島、舟山羣島、澎湖列島、釣魚島列島以及南海中的東沙羣島、西沙羣島、中沙羣島和南沙羣島等。主要海峽有渤海海峽、台灣海峽、巴士海峽、瓊州海峽。較大的半島有遼東半島、山東半島和雷州半島等。

多樣的地形

地勢地貌

遼闊的中國，地形多種多樣，有雄偉的高原、起伏的山嶺、廣闊的平原、低緩的丘陵，還有四周羣山環抱、中間低平的盆地。全球陸地上的五種基本地貌類型，中國均有分佈，這為工農業發展提供了多種選擇和條件。中國的山區面積佔全國面積的2/3，這是中國地形的又一顯著特徵。

中國地勢西高東低，大致呈三級階梯狀分佈。地勢的第一級階梯是青藏高原，平均海拔在4000米以上。其北部與東部邊緣分佈有崑崙山脈、阿爾金山脈、祁連山脈、橫斷山脈，它們的北、東緣是地勢第一、二級階梯的分界線。

地勢的第二級階梯平均海拔在1000－2000米，這裏分佈着大型的盆地和高原，包括內蒙古高原、黃土高原、雲貴高原、塔里木盆地、準噶爾盆地和四川盆地。其東部邊緣有大興安嶺、太行山脈、伏牛山、巫山等，它們的東麓是地勢的第二、三級階梯的分界線。

地勢的第三級階梯上主要分佈着廣闊的平原，間有丘陵和低山，海拔多在500米以下。

從中國陸地的第三級階梯繼續向海面以下延伸，就是淺海大陸架，這是大陸向海洋自然延伸的部分，一般深度不大，坡度較緩，海洋資源豐富。目前，開發海洋資源，尤其是石油資源主要是在大陸架上進行的。

平原

中國有三大平原，即東北平原、華北平原和長江中下游平原。它們分佈在中國東部地勢第三級階梯上。由於位置、成因、氣候條件等各不相同，在地形上也各具特色。

東北平原位於中國東北部，由三江平原、松嫩平原、遼河平原組成，地跨黑龍江、吉林、遼寧和內蒙古四個省區，面積約35萬平方公里，是中國最大的平原。東北平原土地肥沃，是全球僅有的三大黑土區域之一，是中國重要的糧食、大豆、畜牧業生產基地，也是中國重要的煤炭、鋼鐵、機械、能源、化工基地。

華北平原位於中國東部，跨越北京、天津、河北、山東、河南、安徽、江蘇七省市，總面積30萬平方公里。華北平原地勢平坦，河湖眾多，交通便

中國地勢地貌圖

（A）

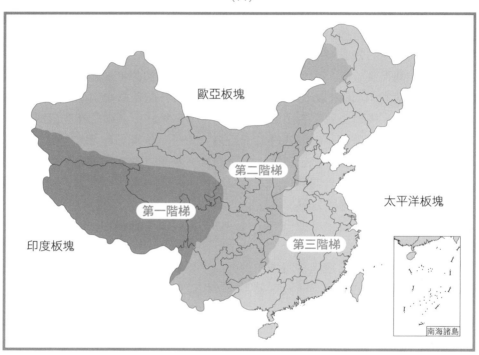

（B）

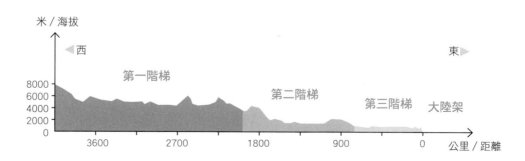

利，經濟發達，是中國人口最多的平原，這裏也是中國的政治、經濟、文化及交通中心。

長江中下游平原位於三峽以東的長江中下游沿岸，由兩湖平原（江漢平原、洞庭湖平原）、鄱陽湖平原、蘇皖沿江平原、里下河平原及長江三角洲平原等平原組成，地跨湖北、湖南、江西、安徽、江蘇、浙江、上海等七省市，總面積約20萬平方公里。這裏素有「魚米之鄉」之稱，是中國水資源最豐富的地區，也是中國重要的糧、油、棉生產基地和重要的工業基地。

高原

中國有四大高原，即青藏高原、雲貴高原、黃土高原和內蒙古高原。它們集中分佈在地勢第一、二級階梯上。由於海拔高度、位置、成因和受外力侵蝕作用不同，高原的外貌特徵各異。

青藏高原位於中國西南部，平均海拔4000米以上，多雪山冰川，是世界海拔最高的高原，被稱為「世界屋脊」。南起喜馬拉雅山脈南緣，北至崑崙山、阿爾金山脈和祁連山北緣，西部為帕米爾高原和喀喇崑崙山脈，東及東北部與秦嶺山脈西段和黃土高原相接，總面積約250萬平方公里，佔全國面積的1/4，是中國最大的高原。

雲貴高原位於中國西南部，橫斷山脈以東，雪峯山以西，四川盆地以南，總面積約50萬平方公里，海拔1000－3500米。這裏地勢崎嶇不平，多峽谷，石灰岩分佈廣，多典型的喀斯特地貌。

黃土高原位於中國中北部，內蒙古高原以南（大致以長城為界），秦嶺以北，太行山脈以西，烏鞘嶺以東，海拔1000－2000米，面積約30萬平方公里。這裏溝壑縱橫，地表覆蓋深厚的黃土，植被覆蓋稀少，水土流失嚴重。

內蒙古高原位於中國北部，為中國第二大高原，平均海拔1000米，西至河西走廊，東至大興安嶺，南接黃土高原（大致以長城為界），北至國界，面積約34萬平方公里。這裏地勢起伏和緩，山脈少，東部多草原，西部多戈壁、沙漠。

盆地

　　中國有四大盆地，即塔里木盆地、準噶爾盆地、柴達木盆地和四川盆地。它們主要分佈在地勢第二級階梯上，由於海拔高度及所在位置不同，其特點也不相同。

　　塔里木盆地位於新疆南部，是中國面積最大的內陸盆地。盆地處於天山、崑崙山和阿爾金山之間，南北最寬處520公里，東西最長處1400公里，面積約40萬平方公里，海拔高度在800到1300米之間，地勢西高東低。

　　準噶爾盆地位於新疆北部，是中國第二大內陸盆地。地處阿爾泰山與天山之間，面積約38萬平方公里。盆地呈不規則三角形，地勢向西傾斜，北部略高於南部。

　　柴達木盆地位於青海省西北部，青藏高原東北部，是被崑崙山、阿爾金山、祁連山等山脈環抱的封閉盆地，面積約24萬平方公里。柴達木盆地是中國地勢最高的盆地，有豐富的石油、煤炭資源及多種金屬礦藏，有「聚寶盆」的美稱。

　　四川盆地位於中國西南部，由青藏高原、大巴山、華鎣山、雲貴高原環繞而成，可分為邊緣山地和盆地底部兩大部分，包括四川中東部和重慶的大部分地區，總面積約26萬平方公里。

　　此外，著名的吐魯番盆地也分佈在地勢第二級階梯上，它是中國地勢最低的盆地，最低處海拔高度為 -154米。

山脈

　　以一定方向脈狀延伸的相連山體被稱為山脈。山脈構成中國地形的骨架，常常是不同地形區的分界，山脈延伸的方向稱作走向，中國山脈的分佈按其走向一般可分為五種情況。

　　東西走向的山脈主要有三列，包括五條山脈：北列為天山－陰山；中列為崑崙山－秦嶺；南列為南嶺。

　　東北－西南走向的山脈主要分佈在中國東部，主要有三列，包括七條山脈：西列為大興安嶺－太行山－雪峯山；中列為長白山－武夷山；東列為台灣山脈。

中國平原、高原、盆地位置圖

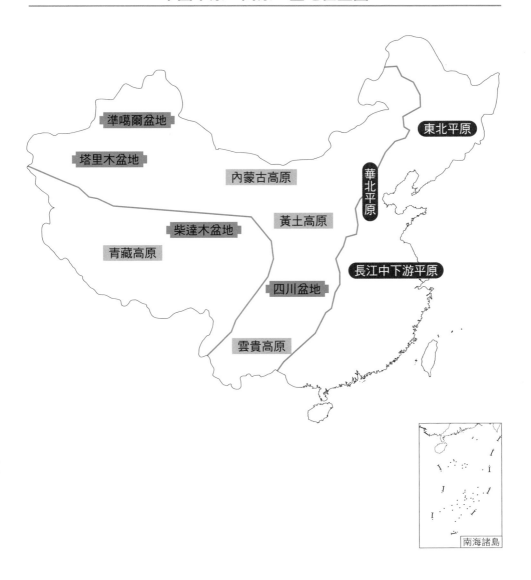

準噶爾盆地

東北平原

塔里木盆地

內蒙古高原

華北平原

黃土高原

柴達木盆地

青藏高原

長江中下游平原

四川盆地

雲貴高原

南海諸島

西北－東南走向的山脈主要分佈在中國西部，著名山脈有兩條：阿爾泰山和祁連山。

南北走向的山脈主要有兩條，分佈在中偏西部，分別是橫斷山脈和賀蘭山脈。

弧形山系由幾條並列的山脈組成，其中最著名的山脈為喜馬拉雅山脈，分佈在中國與印度、尼泊爾等國邊界上。它綿延2400多公里，平均海拔6000米左右，其主峯珠穆朗瑪峯，海拔8848.86米，是世界最高峯，坐落在中國與尼泊爾的邊界上。

丘陵

中國丘陵眾多，分佈廣泛。中國的丘陵地形主要在東部地區，主要有東南丘陵、遼東丘陵和山東丘陵。

東南丘陵位於中國東南部一帶，主要包括江南丘陵、江淮丘陵、浙閩丘陵、兩廣丘陵等幾部分，是中國土地面積最大的丘陵，海拔高度多在200－500米之間，部分主要山峯超過1500米，丘陵與低山之間多數有河谷盆地，四季分明，雨水充沛，土地肥沃。

遼東丘陵位於遼寧東南部，由長白山脈的延續部分及其支脈千山山脈組成，自東北向西南斜貫，地勢逐漸降低，由海拔1000米降至200米以下，延伸入海，為遼東半島脊樑。

山東丘陵位於山東半島，是由古老的結晶岩組成的斷塊低山丘陵，分為魯東和魯中丘陵兩部分，平均海拔650－800米。

中國主要山脈、丘陵位置圖

① 遼東丘陵	A 阿爾泰山脈	H 巫山
② 山東丘陵	B 天山山脈	I 大興安嶺
③ 東南丘陵	C 崑崙山脈	J 小興安嶺
	D 喜馬拉雅山脈	K 長白山
	E 祁連山脈	L 武夷山
	F 秦嶺	M 南嶺
	G 太行山脈	

南海諸島

多變的氣候

氣候和溫度帶

中國幅員遼闊，跨緯度較廣，距海遠近差距較大，加之地勢高低不同，地貌類型及山脈走向多樣，因而氣溫、降水的組合差別很大，形成了各地多種多樣的氣候。從氣候類型上看，東部屬季風氣候，西北部屬溫帶大陸性乾旱氣候，青藏高原屬高寒氣候。

中國是世界上縱跨溫度帶最多的國家之一，北起黑龍江北部的寒溫帶，向南依次為中溫帶、暖溫帶、北亞熱帶、中亞熱帶、南亞熱帶、邊緣熱帶和中熱帶以及赤道帶。在各溫度帶中，寒溫帶佔國土總面積的1.2%。青藏高原的大部分為高寒氣候，佔國土總面積的26.7%，其餘佔國土總面積72.1%的地區屬於中溫帶、暖溫帶、亞熱帶、熱帶，因此，中國以溫暖氣候為主。

受季風氣候影響，中國有着明顯的春夏秋冬四季的變換，冬季寒冷乾燥，夏季高溫多雨。1月份平均氣溫最低，7月份平均氣溫最高。

冬季氣溫分佈

以淮河－秦嶺－青藏高原東南邊緣為分界線，1月時，此線以北（包括東北、華北、西北及青藏高原）的冬季平均氣溫在0℃以下，其中黑龍江漠河的冬季平均氣溫接近-30℃；此線以南的冬季平均氣溫則在0℃以上，其中海南三亞的冬季平均氣溫為20℃以上。因此，中國冬季氣溫分佈的主要特徵是南方溫暖，北方寒冷，南北氣溫差別大。

夏季氣溫分佈

7月，除了地勢高的青藏高原和天山等以外，大部分地區平均氣溫在20℃以上，南方許多地區在28℃以上；新疆吐魯番盆地7月平均氣溫高達32℃以上，是中國夏季的炎熱中心。所以，除青藏高原等地勢高的地區外，各地夏季普遍高溫，南北氣溫差別不大，這是中國夏季氣溫分佈的主要特徵。

中國氣候分區

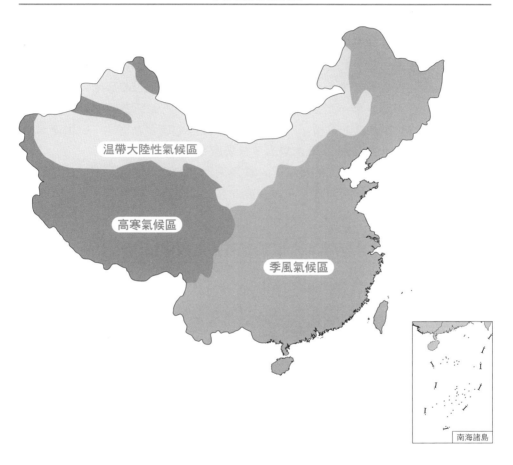

温帶大陸性氣候區

高寒氣候區

季風氣候區

南海諸島

降水和乾濕地區

年降水量的空間分佈

　　從中國的總年降水量來看，800毫米等降水量線大致在淮河北－秦嶺－青藏高原東南邊緣一線；400毫米等降水量線大致在大興安嶺－張家口－蘭州－拉薩－喜馬拉雅山東南端一線。塔里木盆地年降水量少於50毫米，其南部邊緣的一些地區年降水量不足20毫米；吐魯番盆地的托克遜多年平均年降水量僅5.9毫米，是中國的「旱極」。中國東南部有些地區降水量在1600毫米以上，台灣東部山地可達3000毫米以上，火燒寮是中國的「雨極」。

　　中國年降水量空間分佈的規律是：從東南沿海向西北內陸遞減，各地區差別很大，大致上沿海多於內陸，南方多於北方，山區多於平原，山地的暖濕空氣迎風坡多於背風坡。

中國年降水量和乾濕區域分佈圖

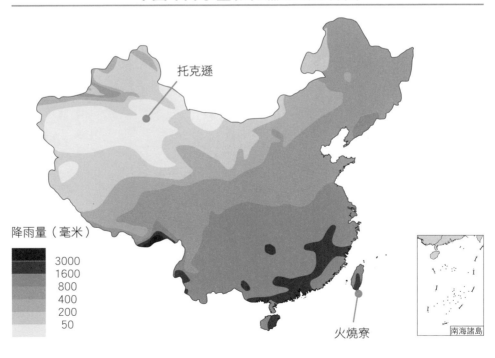

托克遜

降雨量（毫米）

3000
1600
800
400
200
50

火燒寮

南海諸島

降水量的時間變化

降水量的時間變化包括季節變化和年際變化兩個方面。季節變化是指一年內降水量的分配狀況。中國降水的季節分配特徵是：南方雨季開始早，結束晚，雨季長，集中在5－10月；北方雨季開始晚，結束早，雨季短，集中在7－8月。全國大部分地區夏秋多雨，冬春少雨。年際變化是指年際之間的降水分配情況。中國大多數地區降水量年際變化較大，一般是多雨區年際變化較小，少雨區年際變化較大；沿海地區年際變化較小，內陸地區年際變化較大，且以內陸盆地年際變化最大。

中國的乾濕地區

乾濕狀況是反映氣候特徵的標誌之一，與天然植被類型及農業等關係密切。中國各地乾濕狀況差異很大，共劃分為四個乾濕地區，即濕潤區、半濕潤區、半乾旱區和乾旱區。同一個溫度帶內，可含有不同的乾濕區；同一個乾濕地區中又含有不同的溫度帶。

濕潤區主要在南方，包括廣東、廣西、湖南、江西、福建、海南、台灣、浙江、貴州、雲南、湖北以及四川大部、江蘇南部、安徽南部、東北三省東部，分界線為淮河秦嶺一線。半濕潤地區包括東北三省西部、山東、河南、陝西南部、四川北部、安徽北部、江蘇北部、西藏東部、河北大部以及山西大部。半乾旱地區包括內蒙古東部及南部、寧夏全境、山西北部、陝西北部、甘肅南部、青海東部及南部、西藏大部、新疆天山一帶。乾旱地區包括內蒙古西部、甘肅大部、青海北部以及新疆大部。

二十四節氣

節氣是中國農曆中表示自然節律變化的特定節令。按照中國農曆的紀年法，每個月都有兩個節氣，一年共有二十四個節氣。二十四節氣準確地反映了自然節律變化，在中國傳統農耕文化中佔據重要地位，至今仍在人們的生活中具有實用價值。

中國二十四節氣

節氣名稱	時間	含義
立春	公曆 2 月 4 日前後	春季開始
雨水	公曆 2 月 19 日前後	降雨，開始備耕生產
驚蟄	公曆 3 月 6 日前後	冬眠的昆蟲被春雷驚醒，天氣回暖
春分	公曆 3 月 21 日前後	晝夜等長，寒暑平衡
清明	公曆 4 月 5 日前後	氣清景明，萬物復甦
穀雨	公曆 4 月 20 日前後	「雨生百穀」，雨水有利於穀物生長
立夏	公曆 5 月 6 日前後	夏季開始
小滿	公曆 5 月 21 日前後	夏收作物籽粒開始灌漿，即將飽滿成熟
芒種	公曆 6 月 6 日前後	麥類等有芒作物成熟
夏至	公曆 6 月 21 日前後	炎夏開始，一年中白晝最長的一天
小暑	公曆 7 月 7 日前後	開始進入伏天
大暑	公曆 7 月 23 日前後	炎熱之極，一年中最熱的時候
立秋	公曆 8 月 8 日前後	秋季開始
處暑	公曆 8 月 23 日前後	意為「出暑」，表示暑氣漸漸消退
白露	公曆 9 月 8 日前後	晝夜熱冷交替，秋露已經出現
秋分	公曆 9 月 23 日前後	晝夜等長，寒暑均衡
寒露	公曆 10 月 8 日前後	寒氣漸生，秋意漸濃，北方已近初冬
霜降	公曆 10 月 23 日前後	晝夜溫差最大的時節，北方已有寒霜
立冬	公曆 11 月 7 日前後	冬季開始
小雪	公曆 11 月 22 日前後	開始下雪，北方地區氣候寒冷
大雪	公曆 12 月 7 日前後	氣溫下降，雪量增多
冬至	公曆 12 月 21 日前後	一年中白晝最短的一天
小寒	公曆 1 月 6 日前後	大部分地區進入嚴寒期
大寒	公曆 1 月 20 日前後	一年中最冷的時候

名山大川

中國名山大川

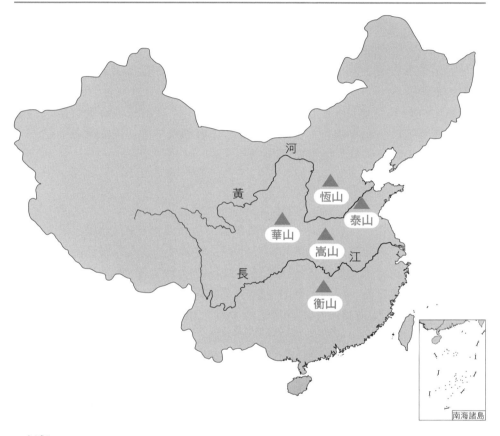

五嶽

　　古代中國，人們把高峻的山稱作「嶽」，把位於中原地區的五座高山定為「五嶽」。五嶽是五大名山的總稱，這些名山不僅風景好，也具有濃厚的中國傳統文化底蘊。

　　泰山位於山東泰安，被尊為五嶽之首，主峯玉皇頂海拔1532.7米。在古代中國，泰山是百姓崇拜、帝王告祭的神山，被古人視為直通天界的通道，自古就有「泰山安，四海皆安」的説法。雖然泰山的海拔高度並不算高，但從歷史文化地位來看，國內眾多大山都不能望其項背。

華山位於陝西渭南，以奇險著稱，主峯南峯海拔2154.9米，是五嶽中最高的山。華山是中國道教最早的發祥地之一。

衡山位於湖南衡陽，主峯祝融峯海拔1300.2米。衡山是中國著名的道教與佛教聖地，也是祈福、求壽的聖地。

恆山位於山西大同，以幽奇著稱，主峯天峯嶺海拔2016.8米。這裏也是中國的道教聖地。

嵩山位於河南登封，主峯連天峯海拔1512米。嵩山是中國佛教禪宗的發源地和道教聖地，也是儒家文化的傳承地。這裏還是中國功夫的發源地之一，舉世聞名的少林寺位於嵩山少室山北麓。

長江

長江是中國第一大河，也是亞洲最長的河流，全長6363公里，在世界大河中，長度僅次於非洲的尼羅河和南美洲的亞馬遜河，居世界第三位。

長江發源於青藏高原唐古拉山脈的主峯各拉丹冬雪山，幹流自西而東橫貫中國中部，流經青海、四川、西藏、雲南、重慶、湖北、湖南、江西、安徽、江蘇、上海共11個省區市，於崇明島以東注入東海。長江連同數以千計的大小支流，流域面積180萬平方公里，約佔全國陸地總面積的1/5，年入海水量9513億立方米，佔全國河流總入海水量的1/3以上。

長江是中國水量最豐富的河流，水能蘊藏量極其豐富，因此，建於長江的水電站的數量很多，規模也很大，葛洲壩、三峽、白鶴灘、溪洛渡、烏東德、向家壩等水電站都很有名，其中三峽水電站是世界上規模最大的水電站。長江流域聚集了中國眾多的重要城市，是中國經濟最發達的地區之一。

黃河

黃河是中國第二長河，全長5464公里，流域面積79.5萬平方公里。黃河發源於巴顏喀拉山北麓的約古宗列盆地，自西向東分別流經青海、四川、甘肅、寧夏、內蒙古、山西、陝西、河南、山東9個省區，最後注入渤海。

黃河流域中上游以山地為主，中下游以平原、丘陵為主。由於河流中段流

經黃土高原，因此挾帶了大量的泥沙，所以它也被稱為世界上含沙量最多的河流。黃河挾帶的泥沙，大部分流入了大海，少部分留在黃河下游，形成沖積平原。黃河流經的地域廣，地形複雜，幹流有很多蜿蜒曲折的彎道，因此有「九曲黃河」之稱。黃河的支流也很多，流域面積大於100平方公里的支流共220條，共同構成了黃河水系。

對於中國人來說，黃河並不僅僅是一條地理意義上的大河。黃河是中華文明最重要的發源地。在世界各地大多處在蒙昧狀態的時候，中國人的祖先已經黃河兩岸勞作生息，創造出了古代文化。早在石器時代，黃河流域就形成了中國最早的新石器文明。大約在4000多年前，黃河流域內出現了一些血緣氏族部落，其中最強大的就是炎帝和黃帝兩大部族。後來，黃帝取得盟主地位，融合其他部族，形成「華夏族」。因此，世界各地的炎黃子孫都把黃河流域看作中華民族的搖籃，並稱黃河為「母親河」。

長江流經省市	黃河流經省市
青海	青海
四川	四川
西藏	甘肅
雲南	寧夏
重慶	內蒙古
湖北	山西
湖南	陝西
江西	河南
安徽	山東
江蘇	
上海	

珠江

珠江是中國南方最大的河流，也是中國境內第三長河，全長2214公里，中國境內的流域面積為45.37萬平方公里。珠江的幹流發源於雲南東部，流經中國的雲南、貴州、廣西、廣東及越南北部，在下游注入南海。珠江的三大支流水系是西江、北江、東江，北江與東江基本上都在廣東境內，三江水系在珠江三角洲匯集，形成縱橫交錯、港汊紛雜的網狀水系。

珠江水系共有大小河流七百多條，豐盈的河水與眾多的支流，給珠江的航運事業帶來了優越條件。珠江流域面積廣闊，山地和丘陵佔總面積的94.5%，旅遊資源豐富，著名的黃果樹瀑布、桂林山水都在珠江流域。珠江流域是中國最早實行改革開放的地區，城市羣崛起，現在也是經濟最發達的地區之一。

京杭運河

除天然河流外，中國還有許多人工開鑿的運河，京杭運河就是其中非常著名的一條。京杭運河也稱大運河，是世界上開鑿最早、里程最長的古代運河。在2014年的第38屆世界遺產委員會會議上，京杭運河（大運河）被列入世界遺產名錄。申報的系列遺產包括大運河河道遺產以及其他運河相關遺產，共計58處。

京杭運河北起北京，南到杭州，縱貫北京、天津兩市和河北、山東、江蘇、浙江四省，溝通海河、黃河、淮河、長江、錢塘江五大水系，全長1801公里。在中國歷史上，京杭運河是與萬里長城齊名的偉大工程，對溝通中國的南北交通發揮過重要作用。

京杭運河始建於春秋時期，隋代完成第一次南北貫通，元代完成第二次貫通，明清兩代成為南北水運幹線。以運河為基礎，建立龐大而複雜的漕運體系，各地的物資源源不斷地輸往都城所在地，成為當時經濟發展的重要手段之一。

近現代時期，由於維護不善，京杭運河的許多河段都已斷航。中華人民共和國成立後，對運河進行了整治，目前，京杭運河依然發揮着灌溉、防洪、排澇等綜合作用，在「南水北調」東線工程中，又被用作長江水源北上的輸水管道。

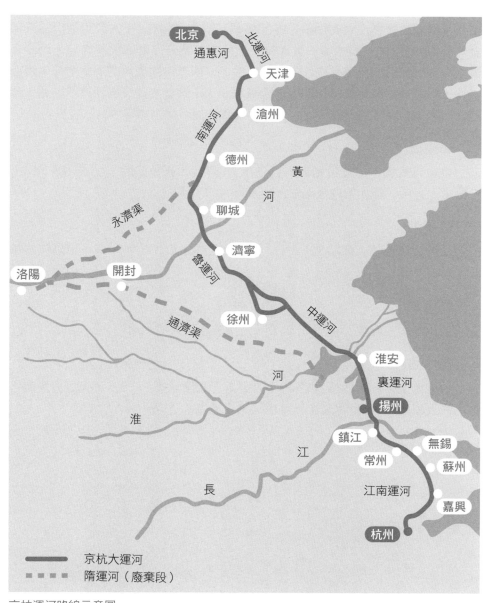

京杭運河路線示意圖

湖泊

中國湖泊眾多，共有湖泊24800多個，其中面積在1平方公里以上的天然湖泊有2800餘個。雖然湖泊數量很多，但在地區分佈上卻很不均勻。總的來說，東部季風區，特別是長江中下游地區，分佈着中國最大的淡水湖羣；西部以青藏高原湖泊較為集中，多為內陸鹹水湖。中國著名的淡水湖有鄱陽湖、洞庭湖、太湖、洪澤湖、巢湖等，鹹水湖有青海湖、納木錯等。

青海湖

位於青海境內，藏語名為「措溫布」（意為「青色的海」），面積4583平方公里，是中國最大的內陸湖泊，也是最大的鹹水湖。

鄱陽湖

位於江西北部，面積3583平方公里，是中國最大的淡水湖，也是中國第二大湖。

洞庭湖

位於湖南，面積2740平方公里，是中國第二大淡水湖。

納木錯

位於西藏中部，面積約1940平方公里，湖面海拔4718米，是世界上海拔最高的大型湖泊。「納木錯」為藏語，是「天湖」之意。

中國主要天然河流湖泊位置示意圖

青海湖

黃

河

納木錯

江

長

洞庭湖

鄱陽湖

珠

江

南海諸島

自然資源

土地資源

中國陸地總面積約960萬平方公里，居世界第三位，但中國人均佔有的土地資源，只相當於加拿大的1/48、俄羅斯的1/15、美國的1/5。按利用類型區分的中國各類土地資源，都存在絕對數量大、人均佔有量少的特點。

中國地形複雜、氣候多樣，土地類型複雜多樣，為農、林、牧、副、漁多種經營和全面發展提供了有利條件。但是，也有很多土地是難以開發利用的。例如，中國的荒漠與戈壁佔國土總面積的12%以上，改造與利用的難度很大。而且，中國的土地資源分佈不均，有限的耕地主要集中在東部的平原地區。

由於自然條件的複雜性和各地歷史發展過程的特殊性，中國土地資源利用的情況極為複雜。東北平原大部分是黑土，盛產小麥、玉米、大豆、亞麻和甜菜。華北平原大多是褐土，土層深厚，農作物有小麥、玉米、棉花、花生，水果有蘋果、梨、葡萄、柿子等。長江中下游平原被稱為「魚米之鄉」，多為紅黃壤和水稻土，盛產水稻、柑橘、油菜、蠶豆和淡水魚。四川盆地多為紫色土，盛產水稻、油菜、甘蔗、茶葉和柑橘、柚子等。不同的利用方式，對土地資源開發的程度也有所不同，土地的生產力水平有明顯差別。

水資源

中國淡水資源總量為2.8萬億立方米，佔全球水資源的6%，僅次於巴西、俄羅斯、加拿大、美國和印尼，居世界第六位，但人均只有2200立方米，僅為世界平均水平的1/4。中國人均水資源貧乏，屬於缺水嚴重的國家。受氣候和地形影響，淡水資源的地區分佈極不均匀，大量淡水資源集中在南方，北方淡水資源只有南方淡水資源的1/4。河流和湖泊是中國主要的淡水資源，珠江流域人均水資源最多，長江流域略高於全國平均水平，海河、灤河流域則是全國水資源最緊張的地區。

中國水資源的分佈狀況是南多北少，而耕地的分佈卻是南少北多。中國小麥、棉花的集中產區在華北平原，這裏的耕地面積約佔全國的40%，而水資源只佔全國的6%左右。水、土資源配合欠佳的狀況，進一步加劇了中國北方地區缺水的程度。

礦產資源

中國地域廣闊，地質條件多樣，礦產資源豐富，各種礦產達171種，其中已探明儲量的有157種，包括能源礦產、金屬礦產、非金屬礦產、水氣礦產等，門類比較豐富，部分種類的礦產儲量居世界前茅。鎢、銻、稀土、鉬、釩和鈦等礦產已探明的儲量均居世界首位，煤、鐵、鉛鋅、銅、銀、汞、錫、鎳、磷灰石、石棉等礦產儲量也居世界前列。

中國礦產資源的基本特點是地區分佈不均勻，如鐵主要分佈於遼寧、冀東和川西，煤主要分佈在華北、西北、東北和西南區，東南沿海則很少。這種分佈不均勻的狀況，使一些礦產相對集中，如鎢礦在19個省區均有分佈，但儲量主要集中在湘東南、贛南、粵北、閩西等地區。這種集中雖然有利於大規模開採，但也給運輸帶來了壓力。

生物資源

植物資源

中國植被種類豐富，分佈錯綜複雜。在東部季風區，有熱帶雨林，熱帶季雨林，南亞熱帶、中亞熱帶常綠闊葉林，北亞熱帶落葉闊葉－常綠闊葉混交林，溫帶落葉闊葉林，寒溫帶針葉林，亞高山針葉林，溫帶森林草原等植被類型。在西北部和青藏高原地區，有乾草原、半荒漠草原灌叢、乾荒漠草原灌叢、高原寒漠、高山草原草甸灌叢等植被類型。中國兼有寒、溫、熱三帶的植物，據統計，共有種子植物300個科、2980個屬、24600個種，其中被子植物2946屬，佔世界被子植物總屬的23.6%。較古老的植物種屬，約佔世界種屬總數的62%。有些植物，如水杉、銀杏等，在世界上的其他地區已經滅絕，成為殘存於中國的「活化石」。此外，中國還有豐富的栽培植物。從用途來說，有用材林木1000多種，藥用植物4000多種，果品植物300多種，纖維植物500多種，澱粉植物300多種，油脂植物600多種，蔬菜植物80多種。中國是世界上植物資源最豐富的國家之一。

動物資源

中國是世界上動物資源最為豐富的國家之一。全國陸棲脊椎動物約有2070種，佔世界陸棲脊椎動物的9.8%，其中鳥類1170多種，獸類400多種，兩棲類180多種，分別佔世界同類動物的13.5%、11.3%和7.3%。西起喜馬拉雅山－橫斷山北部－秦嶺山脈－伏牛山－淮河與長江間一線以北地區，以溫帶、寒溫帶動物羣為主，屬古北界。以南地區以熱帶性動物為主，屬東洋界。由於東部地區地勢平坦，兩界動物相互滲透混雜的現象比較明顯。

奇花異木

奇花異木屬於珍貴而稀有的植物，在經濟、科學、文化、教育等方面具有重要意義。1987年，中國公佈了《中國珍稀瀕危保護植物名錄》，列出重點保護植物398種，其中，被列為一級重點保護的植物有8種。

水杉

水杉是落葉喬木，遠在中生代白堊紀，地球上就已出現水杉類植物，並廣泛分佈於北半球。冰期以後，這類植物幾乎全部絕跡。1941年，中國植物學者在四川萬縣首次發現了水杉的孑遺樹種。水杉有「活化石」之稱，對於古植物、古氣候、古地理和地質學以及裸子植物系統發育的研究均有重要價值。

珙桐

珙桐是中國特有的單屬植物，屬新生代孑遺植物，也是世界著名的觀賞植物，最早發現於四川西南部和湖北中部。其花形酷似展翅飛翔的白鴿，因此被植物學家命名為「中國鴿子樹」。

金花茶

金花茶屬於山茶科，是一種極為罕見的古老植物，最早發現於廣西南寧，因花朵為金黃色，故稱之為金花茶，在國外被稱為「植物界大熊貓」或「茶族皇后」。

銀杏

銀杏為中生代孑遺的稀有樹種，中國特產。銀杏樹的果實俗稱白果，所以銀杏又名白果樹。銀杏樹生長較慢，壽命極長，自然條件下從栽種到結果需要幾十年的時間，因此又被稱為「公孫樹」。

珍禽異獸

大熊貓

大熊貓是中國特有的物種，是中國的國寶，被譽為「活化石」，分佈於四川、陝西、甘肅一帶。

白鰭豚

白鰭豚是中國特有的小型淡水鯨，主要生活在長江中下游水域中，分佈範圍狹窄，數量比大熊貓還要稀少。

麋鹿

麋鹿是世界珍稀動物，由於氣候變化和人為因素的影響，野生麋鹿近乎絕跡。清代北京南海子皇家獵苑內飼養的麋鹿被英國購買繁殖，20世紀80年代後重新引進中國。

藏羚羊

藏羚羊主要分佈於青海、西藏和新疆地區，其纖細柔軟的絨毛被稱為「軟黃金」。20世紀末，藏羚羊遭遇大量偷獵，數量急劇下降。近年來，中國政府加大了對藏羚羊的保護，藏羚羊的種羣數量有所恢復。

華南虎

華南虎又稱中國虎，是國家一級保護動物，在野外已難覓蹤跡。近年來經過人工飼養繁育，華南虎的數量從20世紀50年代的18隻增加到了目前的240多隻。

朱䴉

朱䴉古稱朱鷺，曾廣泛分佈於東亞地區，由於環境惡化等因素導致種羣數量急劇下降。通過人工繁殖，朱䴉數量由1981年的7隻增加到目前的7000餘隻。

金絲猴

中國特有的金絲猴包括川、滇、黔三種，同屬瀕危動物。近年來，由於建立保護區，金絲猴的種羣數量有所增加。

歴史篇

遠古時代

　　中國的原始社會，從距今大約170萬年前的元謀人開始，到大約公元前2070年夏王朝建立為止，經歷了原始人羣和氏族公社兩個時期。氏族公社又經歷了母系氏族公社和父系氏族公社兩個階段。

　　雲南元謀人是目前已知的中國境內最早的人類。距今一萬七千年前的山頂洞人，已經開始氏族公社的生活。到距今約六七千年前，黃河流域的半坡氏族和長江流域的河姆渡氏族開始進入母系氏族公社的繁榮時期。當時主要的生產活動是農耕和畜牧，而且出現了簡單的記事符號，這種符號是原始文字的萌芽。婦女在生產和生活中發揮着重要作用，氏族成員以母親的血統來確定親屬關係。在氏族社會內，土地、房屋和牲畜歸大家公有。

　　傳說中，黃帝是生活在黃河流域的部落聯盟首領。他曾打敗黃河上游的炎帝部落和南方的蚩尤部落。後來炎帝部落和黃帝部落結成聯盟，在黃河流域生活、繁衍，構成了後來華夏族的主幹成分。黃帝被尊奉為華夏族的祖先。

　　距今四五千年前，由於農業和畜牧業的發展，男子逐漸取代了婦女在生產和生活中的支配地位，人們開始以父親的血統來確定親屬關係，母系氏族過渡到父系氏族。生產的發展使產品有了剩餘，氏族社會內開始出現私有財產和貧富差異。

　　私有財產的出現和貧富分化的加劇，形成了奴隸主和奴隸兩個對立階級，原始社會逐漸解體。

元謀人牙齒化石

古代中國

夏、商、西周、春秋

中國的奴隸社會從約公元前2070年夏朝建立開始，到公元前476年春秋時期結束。

禹的兒子啟建立的夏，是中國最早的奴隸制國家。夏王朝的中心地區，在今河南西部和山西南部一帶。約公元前1600年，夏王桀在位時，夏王朝被商湯率兵滅亡。

約公元前1600年至公元前1046年的商朝，是奴隸社會的發展時期。商朝的農業、手工業比較發達，青銅冶煉和鑄造具有很高的水平。中國有文字可考的歷史是從商朝開始的。商紂王統治時，周武王興兵伐紂，商亡。

公元前1046年至公元前771年的西周，是中國奴隸社會的強盛時期。公元前771年，少數民族犬戎攻入西周都城，殺死周幽王，西周滅亡。幽王的兒子周平王繼位後，將都城遷到洛邑，史稱東周。東周分為春秋和戰國兩個時期。

公元前770年至公元前476年的春秋時期，是奴隸社會逐步瓦解的時期。這一時期，周王室衰微，諸侯爭霸，奴隸制走向崩潰。春秋時期，文化上出現了繁榮局面。

戰國、秦、漢

從公元前475年戰國時期開始，到公元220年東漢滅亡，是中國封建社會確立和初步發展的時期。

戰國時期是中國歷史上的大變革時期，各個諸侯國互相攻伐，戰爭不斷。被稱為「戰國七雄」的秦國、楚國、齊國、燕國、趙國、魏國和韓國，是戰國時期最強大的諸侯國。商鞅變法之後，秦國成為諸侯國中實力最強的國家。

公元前221年，秦始皇統一六國，建立中國歷史上第一個統一的中央集權的多民族封建國家。秦始皇為鞏固中央集權所採取的

秦始皇像

一系列措施，對後世產生了重大影響，秦代奠定的封建國家框架，在以後的兩千多年中一直被沿用。秦統一後，統一了度量衡和貨幣，並將簡化秦文小篆作為標準字體，還修築了著名的萬里長城。秦朝末年，統治者的暴政導致了農民戰爭的爆發和秦王朝的滅亡。

公元前206年，劉邦建立了漢王朝。漢朝分為西漢與東漢。秦漢時期，國家統一，生產發展，各民族間的政治經濟聯繫加強。

三國、兩晉、南北朝

從公元220年曹丕建魏到公元589年隋統一，中國歷史進入封建國家分裂和民族大融合時期。

在鎮壓黃巾起義的過程中，東漢官吏擴充勢力，形成了割據一方的軍事集團。在北方，曹操和袁紹兩個集團的勢力最為強大。200年，曹操打敗袁紹，基本統一北方。赤壁一戰，曹操大敗，孫權、劉備的地位得到鞏固。220年，曹丕稱帝建魏；221年，劉備稱帝建蜀；229年，孫權稱帝建吳，三國鼎立局面形成。三國時期，各國經濟都得到了發展。

三國後期，魏國的力量日益強大。263年，魏滅蜀。265年，司馬炎奪取魏政權建立晉朝，史稱西晉。280年，西晉滅吳，結束了三國鼎立的局面。不過西晉的統一非常短暫，由於當時的社會矛盾日益尖銳，少數民族和各地流民不斷起義，西晉最終滅亡。

西晉滅亡後，皇族司馬睿在江南建立政權，史稱東晉。北方各族統治者先後建立了許多政權，史稱十六國。383年，統一黃河流域的前秦瓦解後，中國南北方對峙的局面更加鞏固。在南方，東晉之後，經歷了宋、齊、梁、陳四個朝代，史稱南朝；在北方，經歷了北魏、東魏和西魏、北齊和北周五個朝代，史稱北朝。

三國、兩晉、南北朝時期，社會經濟不斷遭到戰亂的影響，但各民族得到大融合，南北經濟獲得不同程度的發展。

《三國志》書影

《三國志》是二十四史之一，由西晉史學家陳壽著，南朝宋學者裴松之注，講述了三國時期的歷史。

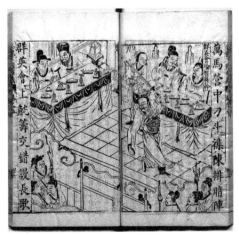

明代萬曆年間《三國志通俗演義》（《三國演義》）故事插圖

元末明初，小說家羅貫中根據陳壽《三國志》、裴松之注解以及民間三國傳說，加工創作出長篇章回體歷史演義小說《三國演義》。《三國演義》是中國古典四大名著之一，在全世界，尤其亞洲各國都具有很強的影響力。

隋、唐

　　從581年隋朝建立，到907年唐朝滅亡，中國封建社會進入繁榮時期。

　　在民族大融合和南北經濟發展的基礎上，隋朝實現了中國的統一。全國統一後，社會秩序安定下來，農業、手工業和商業得到發展，封建經濟開始呈現繁榮局面。隋朝官制的改革和科舉制的創立，對後世產生了重大影響。開鑿大運河，疏通了南北經濟與文化交流的渠道，對南北方經濟文化的發展都產生了很大的影響。

　　隋朝末年，農民起義蓬勃發展，李淵起兵攻佔長安，於公元618年稱帝，唐朝建立。

　　安史之亂是唐朝由強盛轉向衰落的轉折點。安史之亂後，唐朝出現了藩鎮割據的局面。907年，唐朝滅亡，中國歷史進入五代十國時期。

　　隋唐時期，中國南北統一，疆域廣闊，經濟發達，中外文化交流頻繁。在此基礎上，各族人民共同創造了輝煌燦爛的文化。

《客使圖》（局部）

唐朝與西域各國聯繫緊密，唐都長安城成為國際大都市。

五代、遼、宋、夏、金、元

907年，唐朝滅亡，中國歷史進入五代十國時期。從907年後梁建立，到1368年元朝滅亡，是中國封建社會民族融合進一步加強和封建經濟繼續發展的時期。

五代十國時期，南方相對安定，經濟獲得較大發展。五代十國後期，後周逐漸強大，為後來結束分裂割據局面奠定了基礎。

宋朝汝窯蓮花碗

960年，後周大將趙匡胤建立了宋朝。宋朝分為北宋和南宋兩個時期。北宋建立後，採取了一系列加強中央集權的措施，結束了五代十國的分裂局面。北宋時期，有幾個少數民族政權先後與宋王朝並存，包括契丹族建立的遼，女真族建立的金和党項族建立的西夏。這些民族政權間與漢民族進行了經濟文化交流。

北宋末年，政治腐朽，防備空虛，金兵南下，結束了北宋的統治。1127年，南宋統治開始。南宋時期政權南遷，將北方先進的經濟、文化推廣到南方。

1206年，蒙古族首領鐵木真（後被尊稱為成吉思汗）建立了蒙古政權。成吉思汗的孫子忽必烈建立元朝，結束了長達數百年的多政權並立的局面，統一了全國。元朝的統一促進了多民族國家的發展，基本奠定了中國疆域的雛形。

宋元時期，各民族經濟交往頻繁，手工業、商業和城市經濟比較繁榮，中國與其他國家的聯繫得到加強，文化科學技術達到了高度繁榮的水平。

明、清（鴉片戰爭以前）

從1368年明朝建立，到1840年鴉片戰爭爆發，是中國封建社會統一的多民族國家的鞏固和封建制度的衰落時期。

1368年，朱元璋建立了明朝。明朝1421年遷都北京。為了加強軍事防禦力量，鞏固北部邊防，又修築了北方長城。為了進一步加強同海外各國的聯繫，明朝廷派遣鄭和率領船隊，在1405年至1433之間七次出使西洋。明朝中後期，隨着商品經濟的發展，江南一些地方出現了資本主義的萌芽。明朝後

期，封建專制統治非常腐朽，社會矛盾日益尖銳，最終引發了李自成領導的農民起義，明朝統治被推翻。

　　1616年，努爾哈赤建立了女真族政權後金。皇太極改女真為滿洲，於1636年稱帝，並改金為清。1644年，清軍入關，清朝建立。

　　清朝前期，統一的多民族國家得到鞏固。鄭成功1662年收復台灣，鄭氏降清後，1684年清朝設置台灣府，同時擊敗沙俄對中國黑龍江流域的侵略，這些鬥爭維護了國家主權和領土完整。清政府粉碎噶爾丹的分裂活動，平定大小和卓的叛亂，加強對西藏的管轄，使多民族國家政權得到進一步鞏固。

明清兩代皇宮 —— 北京故宮的正門（午門）匾額

中國朝代列表

夏			前 2070 －前 1600 年
商			前 1600 －前 1046 年
周	西周		前 1046 －前 771 年
	東周（前 770 －前 256 年）	春秋時代	前 770 －前 476 年
		戰國時代	前 475 －前 221 年
秦			前 221 －前 206 年
漢	西漢		公元前 206 －公元 25 年（包括王莽和更始帝）
	東漢		25 － 220 年
三國	魏		220 － 265 年
	蜀		221 － 263 年
	吳		222 － 280 年
西晉			265 － 317 年
東晉十六國	東晉		317 － 420 年
	十六國		304 － 439 年
南北朝	南朝	宋	420 － 479 年
		齊	479 － 502 年
		梁	502 － 557 年
		陳	557 － 589 年
	北朝	北魏	386 － 534 年
		東魏 北齊	534 － 550 年 550 － 577 年
		西魏 北周	535 － 556 年 557 － 581 年
隋			581 － 618 年
唐			618 － 907 年
五代十國	後梁		907 － 923 年
	後唐		923 － 936 年
	後晉		936 － 947 年
	後漢		947 － 950 年
	後周		951 － 960 年
	十國		902 － 979 年
宋	北宋		960 － 1127 年
	南宋		1127 － 1279 年
遼			907 － 1125 年
西夏			1038 － 1227 年
金			1115 － 1234 年
元			1206 － 1368 年
明			1368 － 1644 年
清			1616 － 1911 年（1644 年入關）
中華民國			1912 － 1949 年
中華人民共和國			1949 年 10 月成立

近代中國（1840 — 1949 年）

舊民主主義革命時期（1840 — 1919 年）

鴉片戰爭

鴉片戰爭前，中國是一個獨立自主的封建國家。當時中國的自然經濟佔統治地位，在中英貿易中，中國處於出超地位。為了改變貿易入超的狀況，英國不法商人向中國走私鴉片。鴉片的輸入給中國社會帶來了深重災難，禁煙成為全社會共同的呼聲。林則徐在廣州領導的禁煙運動，給英國侵略者以沉重打擊。1840年，英國發動了侵略中國的鴉片戰爭。1842年，清朝政府被迫與英國簽訂中英《南京條約》，割讓了香港島，中國的主權和領土完整開始遭到破壞，從此，中國門戶洞開，開始從封建社會逐步淪為半殖民地半封建社會。

1856－1860年間，英、法為了擴大侵略權益，對中國挑起第二次鴉片戰爭，美、俄趁火打劫，四國分別強迫清政府簽訂了《天津條約》、《北京條約》等不平等條約。《北京條約》割讓了九龍半島界限街以南部分，中國喪失了更多的領土和主權。1898年，清政府又與英國簽訂《展拓香港界址專條》，規定將新界租與英國，租期九十九年，期內完全歸英國管轄。此時，列強侵略勢力已經擴大到沿海各省和長江中下游地區，中國社會的半殖民地化程度進一步加深。

太平天國運動

第一次鴉片戰爭後，國內階級矛盾空前激化，農民起義風起雲湧。1851年，洪秀全在廣西發動金田起義，建立了太平天國政權。1853年，太平天國定都天京（今南京），頒佈《天朝田畝制度》。1856年，太平天國達到全盛時期，沉重地打擊了清王朝的封建統治。但是，領導集團內部的矛盾，引發了天京事變，使太平天國元氣大傷。太平天國後期，洪仁玕等一些領導人實行政治改革，探索中國獨立、富強的途徑。1864年，太平天國運動在中外反動勢力的聯合絞殺下失敗。太平天國運動是中國農民戰爭的高峯，對中國近代社會的發展進程產生過極大的影響。

人民英雄紀念碑上以虎門銷煙為主題的浮雕

人民英雄紀念碑上以太平天國運動為主題的浮雕

清朝後期資本主義的產生和民族危機的加深

19世紀60年代，清朝統治階級內部出現了洋務派。從60年代到90年代，「師夷長技以自強」的洋務運動興起。洋務運動沒有使中國走上富強的道路，但在客觀上刺激了中國資本主義的發展，促進了中國近代化的歷程。

19世紀末，帝國主義國家加緊了對中國的侵略，1883年和1894年，中法戰爭和中日甲午戰爭先後爆發。《中法新約》的簽訂，使法國進一步打開了中國西南的門戶；中日《馬關條約》的簽訂，更加嚴重地損害了中國的領土完整，加重了人民的負擔，阻礙了中國的發展，大大加深了中國社會的半殖民地化。

《馬關條約》簽訂後，帝國主義列強在中國展開了資本輸出的激烈競爭，還在中國強佔「租借地」，劃分「勢力範圍」，掀起瓜分中國的狂潮，中國民族危機空前加深。

戊戌變法和義和團運動

中日甲午戰爭後，由於民族危機空前嚴重和中國民族資本主義的初步發展，民族資產階級開始作為新的政治力量登上歷史舞台。以康有為、梁啟超為代表的資產階級維新派為了挽救民族危亡和發展資本主義，掀起維新變法運動。以慈禧太后等為代表的封建頑固守舊勢力發動政變，使維新變法歸於失敗。

義和團運動是一場反帝愛國運動。這一運動粉碎了帝國主義列強瓜分中國的計劃，沉重打擊了清政府的統治，加速了它的滅亡。1900年，英、俄、日、法、德、美、意、奧八國聯軍侵略中國。1901年，清政府被迫同上述八國以及比利時、荷蘭、西班牙簽訂喪權辱國的《辛丑條約》，標誌着中國完全淪為半殖民地半封建社會。

辛亥革命和清朝的滅亡

1894年，孫中山創立了中國資產階級的第一個革命團體 —— 興中會。20世紀初，出現了章炳麟、鄒容、陳天華等著名民主革命思想家和宣傳家，資產階級民主革命思想得到廣泛傳播。1905年中國同盟會成立，標誌着中國的資產階級民主革命進入一個新的階段。

同盟會成立後，革命黨人發動了江西萍鄉、湖南瀏陽醴陵、廣州黃花崗等一系列起義，四川爆發了保路運動。1911年10月武昌起義成功。1912年元

旦，孫中山在南京就任臨時大總統，宣告中華民國成立，隨後頒佈了《中華民國臨時約法》。因為革命發生的1911年是農曆辛亥年，因此這場推翻了中國兩千多年封建君主專制的反帝反封建資產階級民主革命被稱為辛亥革命。

孫中山像

中華民國初期北洋軍閥的統治

　　1912年3月，袁世凱篡奪了辛亥革命的果實，就任中華民國臨時大總統，臨時政府遷往北京，以袁世凱為首的北洋軍閥政權建立起來。袁世凱對內鎮壓國民黨，對外出賣國家主權。孫中山號召武力討袁，「二次革命」發生。由於國民黨力量渙散，「二次革命」很快失敗。袁世凱鎮壓「二次革命」後，開始復辟帝制的活動。1915年底，護國運動爆發。袁世凱被迫取消帝制，不久即死去。

　　袁世凱死後，中國出現了軍閥割據的局面。1917年7月，軍閥張勛以調停「府院之爭」為名，進北京擁戴溥儀復辟，但這場復辟醜劇只持續了短短的12天。段祺瑞再次執政後，拒絕恢復《臨時約法》和召集國會。為了維護共和制度，孫中山倡導護法運動，但很快失敗。

　　第一次世界大戰期間，帝國主義忙於戰爭，暫時放鬆了對中國的經濟侵略，中國的民族工業得到了短暫的發展。

新民主主義革命時期（1919－1949年）

五四運動和中國共產黨的創立

隨着中國資本主義經濟的進一步發展，資產階級強烈要求在中國實行資產階級的民主政治，新文化運動應運而生。1915年，陳獨秀在上海創辦《新青年》，成為新文化運動興起的標誌。新文化運動提出的口號是「民主」和「科學」。這場運動在社會上掀起了一股思想解放的潮流。俄國十月社會主義革命勝利後，李大釗在中國第一次舉起了社會主義的大旗，從而使新文化運動有了新的發展。

巴黎和會拒絕了中國代表的正義要求，把戰敗國德國在中國山東的權益轉讓給日本，激起中國人民的強烈義憤。1919年，五四運動在北京爆發。6月初，這場運動發展成為以工人階級為主力的全國規模的羣眾愛國運動，並取得了初步勝利。五四運動具有重大的歷史意義，是中國新民主主義革命的開端。

五四運動後，馬克思主義在中國傳播開來，成為新思潮的主流。一批先進分子把馬克思主義同中國工人運動初步結合起來。1920年，共產主義小組在各地相繼建立，1921年，中共一大召開，中國共產黨誕生。1922年，中共二大制定了民主革命綱領，為中國革命指明了方向。

中共一大的舉辦地嘉興南湖紅船

第一次國共合作和北伐戰爭

1923年的「二七慘案」，使中國共產黨認識到，只有團結一切可以團結的力量，才可能把中國革命引向勝利。為此，中國共產黨決定同孫中山領導的國民黨合作，建立革命統一戰線。1924年1月，中國國民黨在廣州舉行第一次全國代表大會，標誌着國共兩黨合作的實現和革命統一戰線的正式建立。在中國共產黨和蘇聯的幫助下，國民黨在廣州黃埔建立了陸軍軍官學校，為建立國民革命軍奠定了基礎。

國民黨「一大」後，全國反帝反封建的國民大革命運動迅速開展起來。各地工人紛紛罷工，掀起反帝愛國運動的高潮，廣東、湖南等省的農民運動也逐漸發展起來。1925年7月，國民政府在廣州成立，並將所屬軍隊編為國民革命軍。

為了推翻軍閥統治，統一中國，1926年7月，國民政府誓師北伐。北伐戰爭得到了工農運動的大力支援，同時，北伐戰爭的勝利又推動了工農運動的高漲。

1927年4月，蔣介石在上海發動「四一二」反革命政變；7月，汪精衛在武漢發動「七一五」反革命政變，第一次國共合作破裂，國民革命宣告失敗。

黃埔軍校舊址

國共十年對峙

「四一二」反革命政變後，蔣介石在南京建立國民政府。1928年，國民政府佔領北京，在形式上統一了全國。不過，國民黨新軍閥連年混戰，給人民帶來極大災難。在國民政府統治下，「四大家族」憑藉國家政權迅速聚斂巨額財富，成為中國官僚買辦資產階級的代表。

1927年，中國共產黨召開「八七」會議，糾正了右傾投降主義錯誤，發動了南昌起義、秋收起義和廣州起義，創建中國工農紅軍，開闢農村根據地，進行土地革命，建立中華蘇維埃政權，開闢了一條農村包圍城市、武裝奪取政權的道路。從1930年12月至1933年4月，蔣介石對革命根據地先後發動了四次「圍剿」，工農紅軍英勇奮戰，取得了四次反「圍剿」的勝利。

1933年秋，蔣介石對革命根據地發動第五次「圍剿」。由於王明「左」傾冒險主義錯誤的影響，紅軍第五次反「圍剿」失利，被迫長征。1935年1月，中國共產黨在長征路上召開遵義會議，在危急關頭挽救了中國革命。紅軍在毛澤東的指揮下，克服千難萬險，取得了長征的勝利。

1936年12月12日，西安事變爆發。中國共產黨分析國內國際複雜的形勢，確定了和平解決西安事變的方針。西安事變的和平解決，開啟了國共兩黨第二次合作的可能，標誌着抗日民族統一戰線的初步形成。

抗日戰爭

1931年9月，日本侵略者在瀋陽製造了震驚中外的「九一八事變」，挑起侵華戰爭。由於國民黨政府和東北軍政當局奉行不抵抗政策，在不到半年的時間內，東北三省全境淪陷。此後，日本侵略者在華北、華東等地不斷製造事端，擴張勢力，中華民族處在生死存亡的關頭。

1937年7月7日，日軍在北平製造「盧溝橋事變」，全國抗戰爆發。8月13日，日軍在上海製造「虹橋機場事變」，「八一三」淞滬會戰爆發。9月下旬，國民黨中央通訊社公佈《中國共產黨為公佈國共合作宣言》，抗日民族統一戰線正式形成，中國掀起全民族抗戰。

抗戰初期，國民政府在正面戰場組織多次大規模戰役，抗擊日本侵略者，但國民黨實行的是僅依靠國民黨政府力量與正規軍，依託城市、陣地防禦作戰片面抗戰的路線，喪失了大片國土。中國共產黨堅持全面抗戰，八路軍、新四

軍深入敵後，建立抗日根據地，配合正面戰場，廣泛開展游擊戰，為抗日戰爭的勝利做出了巨大的貢獻。

1938年10月，日軍佔領廣州、武漢，抗日戰爭進入相持階段。1941年12月太平洋戰爭爆發後，中國的抗日戰爭成為世界反法西斯戰爭的重要組成部分。1945年8月，蘇聯對日宣戰，8月15日，日本政府宣佈無條件投降。經過14年艱苦奮戰，中國人民終於取得了抗日戰爭的偉大勝利。

解放戰爭

抗日戰爭勝利後，為了爭取國內和平，1945年8月，毛澤東赴重慶同國民黨進行談判。10月10日，國共雙方代表簽訂了《政府與中共代表會談紀要》，即《雙十協定》。在談判期間，國民黨派軍隊向解放區發起進攻，被解放區軍民打退。國共雙方代表簽訂停戰協定。1946年1月，政治協商會議在重慶召開。

1946年夏，國民黨軍隊在美國支持下向解放區發動進攻，全面內戰爆發。從1946年夏到1947年6月，人民解放軍粉碎了國民黨軍隊的全面進攻和重點進攻。1947年6月，人民解放軍開始全國性反攻。從1948年9月到1949年1月，人民解放軍先後發動了遼瀋、淮海、平津三大戰役，基本上消滅了國民黨軍隊的主力，加速了人民解放戰爭在全國的勝利。1949年4月，人民解放軍渡江作戰，攻佔南京，結束了國民黨在中國大陸的統治。

1949年1月底，北平宣佈和平解放。9月，第一屆中國人民政治協商會議在北平召開，會議通過了《中國人民政治協商會議共同綱領》，選舉中華人民共和國中央人民政府委員會，選舉毛澤東為中央人民政府主席，通過了有關國旗、國歌、紀年的決定。會議還決定以北平為首都，改名北京。

現代中國（1949年以來）

中華人民共和國成立與國家建設的展開

　　1949年10月1日，開國大典在天安門廣場舉行，中央人民政府主席毛澤東莊嚴宣告：中華人民共和國正式成立。

　　新中國成立後，中共領導人民戰勝政治、經濟、軍事等方面一系列嚴峻挑戰，肅清國民黨反動派殘餘武裝力量和土匪，和平解放西藏，實現祖國大陸完全統一；穩定物價，統一財經工作，完成土地改革，進行社會各方面民主改革，實行男女權利平等，鎮壓反革命，開展「三反」、「五反」運動，蕩滌舊社會的污濁，社會面貌煥然一新。

1949年10月1日，毛澤東宣佈中華人民共和國成立

抗美援朝

1945年8月15日，日本投降。根據有關協定，北緯38°線（即所謂「三八線」）以北的日軍向蘇軍投降，「三八線」以南的日軍向美軍投降。1948年5月，在美國支持下，朝鮮南部成立大韓民國，朝鮮北部於1948年9月成立朝鮮民主主義人民共和國。至此朝鮮南北正式分裂，但雙方都不放棄統一目標，終於導致1950年6月朝鮮戰爭爆發。朝鮮戰爭爆發後，美國組織以美軍為主的「聯合國軍」入侵朝鮮，擴大戰爭。同時，美國還派遣第七艦隊進入台灣海峽，派軍用飛機侵犯中國領空，轟炸和掃射中朝邊境地區。1950年10月，中國人民志願軍跨過鴨綠江，開始了中國人民抗美援朝戰爭。1953年7月，雙方正式簽署朝鮮停戰協定。中國人民志願軍同朝鮮人民和軍隊並肩戰鬥，贏得抗美援朝戰爭偉大勝利，捍衛了新中國安全，彰顯了新中國大國地位。新中國在錯綜複雜的國內國際環境中站穩了腳跟。

第一個五年計劃

五年計劃是中國國民經濟計劃的重要部分，是一種長期計劃。到2022年，中華人民共和國已經完成和正在進行的五年計劃共有14個。五年計劃主要是對國家重大建設項目、生產力分佈和國民經濟重要比例關係等方面的內容做規劃，為國民經濟發展遠景指明目標與方向。第一個五年計劃（1953－1957年）在中共中央的直接領導下，由周恩來、陳雲主持制定，1955年7月經全國人大一屆二次會議審議通過。第一個五年計劃的主要任務有兩點，一是集中力量進行工業化建設，二是進行各經濟領域的社會主義改造。第一個五年計劃的制定與實施標誌着系統建設社會主義的開始。

「文革」十年

1966年5月開始並持續十年的「文化大革命」，使黨、國家和人民遭受到中華人民共和國成立以來最嚴重的挫折和損失，教訓極其慘痛。1976年10月，中共中央政治局執行黨和人民的意志，一舉粉碎「四人幫」，結束了「文化大革命」。從新中國成立到改革開放前夕，中國共產黨領導人民完成社會主義革命，實現了一窮二白、人口眾多的東方大國大步邁進社會主義社會的偉大飛躍。在探索過程中，雖然經歷了嚴重的曲折，但中國社會主義革命和建設取得的獨創性理論成果和巨大成就，為在新的歷史時期開創中國特色社會主義提供了寶貴的經驗以及理論準備和物質準備。

改革開放新時期

「文化大革命」結束以後，1978年12月，中國共產黨召開十一屆三中全會，批判了「兩個凡是」的錯誤方針，充分肯定了必須完整地、準確地掌握毛澤東思想的科學體系，高度評價了「實踐是檢驗真理的唯一標準」問題的討論，確定了解放思想、實事求是，團結一致向前看的指導方針。本次會議果斷結束「以階級鬥爭為綱」，將全黨工作的重點和全國人民的注意力轉移到社會主義現代化建設上來。十一屆三中全會實現黨和國家工作中心的戰略轉移，開啟了新中國成立以來的歷史上具有深遠意義的偉大轉折。此後，中國推行改革開放政策，通過改革經濟體制、政治體制，逐步確立了一條具有中國特色的社會主義現代化建設道路。改革開放是決定當代中國前途命運的關鍵一招。改革開放40多年來，中國的面貌發生了深刻變化，經濟突飛猛進，人民生活水平大幅提高，社會主義現代化建設取得了舉世矚目的輝煌成就。2010年，中國國內生產總值超越日本，成為全球第二大經濟體，實現了人民生活從溫飽不足到總體小康、奔向全面小康的歷史性跨躍，推進了中華民族從站起來到富起來的偉大飛躍。

邁入新時代

　　2012年中共十八大以來，中國特色社會主義進入新時代。以習近平為核心的中國共產黨黨中央以偉大的歷史主動精神、巨大的政治勇氣、強烈的責任擔當，統籌國內國際兩個大局，貫徹中國共產黨的基本理論、基本路線、基本方略，統攬偉大鬥爭、偉大工程、偉大事業、偉大夢想，堅持穩中求進工作總基調，出台一系列重大方針政策，推出一系列重大舉措，推進一系列重大工作，戰勝一系列重大風險挑戰，解決了許多長期想解決而沒有解決的難題，辦成了許多過去想辦而沒有辦成的大事，推動黨和國家事業取得歷史性成就、發生歷史性變革，全面建成了小康社會，為實現中華民族偉大復興的中國夢打下堅實的基礎。

　　2022年10月召開的中共二十大宣佈：「經過全黨全國各族人民共同努力，我們如期全面建成小康社會、實現了第一個百年奮鬥目標。現在，我們正意氣風發邁上全面建設社會主義現代化國家新征程，向第二個百年奮鬥目標進軍，以中國式現代化全面推進中華民族偉大復興。」

人民與國家篇

人口與民族

人口數量

中國是人口大國。根據第七次全國人口普查結果，截至2020年11月，中國總人口為14.43億，其中內地31個省區市和現役軍人共14.1億人。全國人口中，漢族人口佔91.11%；少數民族人口佔8.89%。在中國，每平方公里的平均人口密度超過140人，但分佈不均衡，東部沿海地區人口密度大，西部高原地區人口密度小。

從總體上看，中國的人口總量依然在繼續增長，但近幾年增速很低。目前勞動年齡人口基本穩定，受教育程度持續改善，人口素質大幅改善。常住人口城鎮化率達到63.89%，流動人口增速加快。未來一段時期，中國人口總量即將達到峯值，人口負增長及人口老齡化逐步加速，人口總量將保持在14億人以上。

計劃生育政策

新中國成立後，人民羣眾的生產、生活以及醫療衞生條件都得到了很大的改善，人口增長迅速。1953年第一次人口普查時，全國總人口達到5.9億，人口自然增長率高達23‰。此後，中國人口持續增長，平均每8年增加1億人。20世紀70年代末，中國開始對人口生育進行控制，計劃生育被確定為基本國策，1979年，獨生子女政策開始實施。20世紀90年代，中國的人口自然增長率從25.83‰下降到10.55‰，總人口控制在12.1億。

進入21世紀，中國一直呈現着穩定的低生育率。2005年，人口自然增長率下降到5.89‰，總人口控制在13.1億。2021年人口增長率人口為0.34‰，更是創下新低。2010年的第六次人口普查結果，顯示出中國人口已經出現結構性扭曲，老齡化程度嚴重並且還在加速。自2012年起，勞動年齡人口連續三年淨減少，更是敲響了人口警鐘。2015年，為了應對人口老齡化趨勢，促進人口均衡發展，中國開始調整生育政策，一對夫婦可生育兩個子女。2021年，中國進一步優化生育政策，實施一對夫妻可以生育三個子女的政策及配套支持措施。

老齡化與養老

　　人口老齡化是指人口生育率降低和人均壽命延長導致的總人口中老年人口比例相應增長的動態。國際上通常的説法是，當一個國家或地區60歲以上的老年人口佔人口總數的10%，或65歲以上老年人口佔人口總數的7%，即意味着這個國家或地區已經進入老齡化社會。

　　2021年第七次全國人口普查結果顯示，中國60歲及以上人口佔比已經超過18%。預計未來，中國將進入中度老齡化社會，人口老齡化程度繼續提高，高齡化趨勢明顯。根據聯合國公佈的人口資料，1990－2010年世界各國老齡人口平均增長速度為2.5%，中國為3.3%。發達國家老齡化的進程長達幾十年到百年以上的時間，中國僅用了18年，老齡化的發展速度居全球首位。龐大的老年人羣體顯示出中國經濟發展、醫療水平等多方面的進步，同時也帶來了養老金儲備、居住環境改善、老年醫學發展、老年人社會參與等諸多問題。

　　近年來，中國初步形成了具有中國特色的養老服務體系，即「以居家為基礎，以社區為依託，以機構為補充，醫養相結合」。

中華民族共同體

　　中國是由56個民族共同組成的中華民族大家庭。漢族人口最多，其他55個民族人口較少，稱為少數民族。在少數民族中，人口百萬以上的民族有18個，包括蒙古、回、藏、維吾爾、苗、彝、壯、布依、朝鮮、滿、侗、瑤、白、土家、哈尼、哈薩克、傣、黎等族。

　　根據2021年第七次人口普查數據，漢族人口最多，佔全國人口91.11%，絕大部分集中在東部地區。少數民族人口在全國總人口中的比重為8.89%，主要集中在西南、西北和東北邊疆地區。這種分佈既有利於各民族經濟文化上的交流，又促進了彼此間的往來，各民族之間在長期的歷史發展進程中，形成了你中有我、我中有你的中華民族命運共同體。

　　中華民族共同體是以中華文化為核心的文化共同體。在中國的歷史典籍中，有大量關於不同歷史時期各民族交往交流交融的記載。「四海之內皆兄弟」、「五方之民共天下」等觀念，表明中華民族共同體意識在千百年以前就已

中國人口增長趨勢

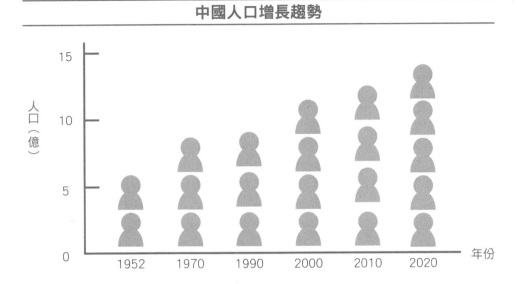

2020 年第七次人口普查中人數最多的六個少數民族

- 少數民族佔中國人口約 9%

經自然萌發。中華民族共同體意識是習近平主席倡導的重要理念之一。中華民族是一個命運共同體，一榮俱榮，一損俱損。各民族只有把自己的命運同中華民族的命運緊緊連接在一起，才會有前途和希望。中華民族共同體意識是國家統一之基、民族團結之本、精神力量之魂。

民族政策

《中華人民共和國憲法》規定：中華人民共和國各民族一律平等。國家保障各少數民族的合法權利和利益，維護和發展各民族的平等、團結、互助關係。禁止對任何民族的歧視和壓迫，禁止破壞民族團結和製造民族分裂的行為。各民族都有使用和發展本民族語言文字的自由，都有保持或改革本民族風俗習慣的自由。

民族區域自治制度是中國的基本政治制度之一。國家在少數民族聚居的地方實行區域自治，設立自治機關，行使自治權。各少數民族自治地區都是中華人民共和國不可分離的部分。實行民族區域自治，保障了少數民族在政治上的平等地位和平等權利，滿足了各少數民族積極參與國家政治生活的願望，既保障了少數民族當家作主的自治權利，又維護了國家的統一。

中國的民族自治地方分為自治區、自治州、自治縣三級。省級自治區共5個，即內蒙古自治區、西藏自治區、寧夏回族自治區、廣西壯族自治區和新疆維吾爾自治區。

中華民族性格特徵

世界各民族在長期的發展過程中，都會形成獨特的民族精神與民族性格。這種性格特徵會滲透在這個民族的文化倫理、風俗習慣以及語言文字之中，成為全民族共同的價值觀。

家國情懷

在中國人的潛意識裏，家與國是不可分割的整體，因此，漢語中才會有「國家」、「家國天下」這樣的詞彙。受到這種觀念的影響，中國人具有很強的大局意識和集體主義觀念。歷代文人所說的「先天下之憂而憂，後天下之樂而樂」，「天下興亡，匹夫有責」，都是以家國為己任的體現。

中國五個省級自治區

寬厚包容

儒家文化強調的寬厚、仁愛，深刻影響着中國人的價值觀，包容和諧更是中國傳統文化的核心理念。厚德載物、海納百川，都體現出中華文化的包容性。

勤勞自強

中華民族一向以勤勞奮進著稱於世。先秦時期的《易經》中有「天行健，君子以自強不息」的說法。對於中華民族來說，「自強不息」代表着一種歷盡磨難而不屈不撓的精神，勤勞更是美好的道德品質。

中庸務實

儒家提倡的「不偏不倚，無過無不及」的中庸思想，是中國傳統文化的最高價值原則，也是人們自覺恪守的處世原則。同時，儒家文化中的理性主義也在各個方面影響着中國人，形成務實的民族精神。

傳統美德

在長期的歷史發展中，中華民族形成了獨特的道德觀念，其中的精華部分對社會的發展起到了積極的促進作用。這些千百年來依然影響着中國人的道德觀念，就是人們常說的傳統美德。

孝敬父母

中國人將奉親養老視為義不容辭的責任。中國人相信，只有關心體貼父母的人，才能在與人交往的過程中做到誠實守信、知恩圖報。

尊老愛幼

尊敬老人、愛護兒童，是中國人的優良傳統。孟子曾說「老吾老以及人之老，幼吾幼以及人之幼」。這個傳統在當今的中國也得到了繼承，中國的老人和兒童都有自己的節日，政府還專門制定了保護婦女兒童的法律。

尊師重教

自古以來，中華民族就把教育放在重要地位，因此，讀書人一直有着較高的社會地位，無論平民百姓還是達官貴人，都十分敬重教師。如今，每年的9月10日被定為中國的教師節，這正是尊師重教傳統的延續。

宗教政策

　　尊重和保護宗教信仰自由是中國政府對待宗教的基本政策。中國憲法保障公民的宗教信仰自由權利。《中華人民共和國憲法》規定：「國家保護正常的宗教活動。」「任何國家機關、社會團體和個人不得強制公民信仰宗教或者不信仰宗教，不得歧視信仰宗教的公民和不信仰宗教的公民。」「任何人不得利用宗教進行破壞社會秩序、損害公民身體健康、妨礙國家教育制度的活動。」「宗教團體和宗教事務不受外國勢力的支配。」這些規定為國家保障宗教信仰自由權利、依法管理宗教事務提供了憲法依據。

　　國家尊重公民的宗教信仰自由，保護正常的宗教活動；同時，公民行使宗教信仰自由權利時，必須尊重公序良俗，尊重文化傳統和社會倫理道德，不得妨礙其他公民的合法權利。信教公民應當遵守法律法規。宗教不得干預行政、司法、教育等國家職能的實施，不得利用宗教從事危害社會穩定、民族團結和國家安全的活動。

　　中國主要有佛教、道教、伊斯蘭教、天主教和基督教等宗教，信教公民近2億，宗教團體5000多個，其中全國性的宗教團體，分別為中國佛教協會、中國道教協會、中國伊斯蘭教協會、中國天主教愛國會、中國天主教主教團、中國基督教三自愛國運動委員會、中國基督教協會。

行政區劃

行政區劃是國家為便於行政管理而分級劃分的區域。因此，行政區劃亦稱行政區域。中華人民共和國的行政區域包括省（自治區、直轄市）、縣（自治縣、市）、鄉（鎮、街道）三級。鄉鎮和街道是中國最基層的行政單位。自治區、自治州、自治縣是少數民族聚居地區的民族自治區域，是祖國不可分割的部分。國家根據需要，還可以設立特別行政區。

目前中國有34個省級行政區，包括23個省、5個自治區、4個直轄市、2個特別行政區。在歷史上和習慣上，各省級行政區都有簡稱。省級人民政府駐地稱省會（首府），中央人民政府所在地是首都。北京是中國的首都。

　　香港和澳門是中國領土的一部分。中國政府已於1997年7月1日對香港恢復行使主權，成立了香港特別行政區。1999年12月20日對澳門恢復行使主權，成立了澳門特別行政區。

中國行政區劃與簡稱

特別行政區	香港特別行政區（港） 澳門特別行政區（澳）		
省	福建省（閩） 江西省（贛） 山東省（魯） 河南省（豫） 湖北省（鄂） 湖南省（湘） 廣東省（粵） 海南省（瓊）	河北省（冀） 山西省（晉） 遼寧省（遼） 吉林省（吉） 黑龍江（黑） 江蘇省（蘇） 浙江省（浙） 安徽省（皖）	四川省（川／蜀） 貴州省（黔、貴） 雲南省（滇／雲） 陝西省（陝／秦） 甘肅省（甘／隴） 青海省（青） 台灣省（台）
自治區	內蒙古自治區（內蒙古） 新疆維吾爾自治區（疆） 寧夏回族自治區（寧） 廣西壯族自治區（桂） 西藏自治區（藏）		
直轄市	北京市（京） 天津市（津）	上海市（滬） 重慶市（渝）	

中共中央領導機構

中共中央政治局及其常務委員會

中共中央政治局及其常務委員會是中國共產黨的中央組織和領導機構。中央政治局及其常務委員會，由中國共產黨中央委員會全體會議選舉產生。在中央委員會全體會議閉會期間，行使中央委員會的職權。中央政治局為中國共產黨的最高決策機關，負責處理日常事務。其辦事機構為中央書記處。黨章規定，中央政治局及其常務委員會必須忠實執行中國共產黨全國代表大會通過的路線、方針和政策，忠實執行中央委員會全體會議的決議。

中共中央組織結構圖

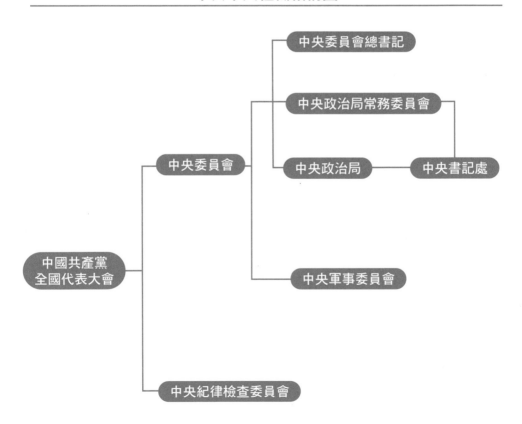

中共中央總書記

中共中央總書記，即中國共產黨中央委員會總書記，是中國共產黨中央的最高領導職務。總書記負責召集政治局會議和政治局常委會會議，並主持中央書記處工作。在歷史上，中共中央最高領導人的職務名稱曾有不同變化。1982年中共十二大以來，中央最高領導職務確定為總書記。

中共中央紀律檢查委員會

中共中央紀律檢查委員會（簡稱中紀委）是黨的最高紀律檢查監督機關，在中央委員會領導下進行工作，負責維護黨的章程和其他黨內法規，檢查黨的路線、方針、政策和決議的執行情況，協助中央委員會加強黨風廉政建設和組織協調反腐敗工作。中央紀律檢查委員會實行書記負責制。

中央軍事委員會

中央軍事委員會是中國共產黨的最高軍事領導機構，簡稱中央軍委，主要職能是領導全國武裝力量。中共黨章規定，黨的中央軍事委員會組成人員由中央委員會決定。中央軍事委員會實行主席負責制。中央軍事委員會負責軍隊中黨的工作和政治工作，對軍隊中黨的組織體制和機構做出規定。

1983年6月，根據憲法，設立中華人民共和國中央軍事委員會，即國家中央軍委。國家中央軍委成立後，中共對國家武裝力量和軍事工作的絕對領導沒有改變，中國共產黨的中央軍委和國家中央軍委實際上是一個機構，其組成人員和職能完全一致。這種具有中國特色的領導體制，不僅能夠保證軍隊始終處於黨的絕對領導之下，而且有利於運用國家機器，加強國防軍隊建設。

國家機構

全國人民代表大會

全國人民代表大會是最高國家權力機關。它的常設機構是全國人民代表大會常務委員會。全國人民代表大會由各省、自治區、直轄市、特別行政區和軍隊選出的代表組成。根據憲法規定，全國人民代表大會具有全權的和最高的地位，其主要職權是行使國家立法權，決定國家政治生活中的重大問題。全國人民代表大會代表每屆任期5年。

中華人民共和國主席

《中華人民共和國憲法》規定，中華人民共和國主席（簡稱「國家主席」）是國家機構的一部分，由全國人民代表大會選舉產生。

依照憲法，中華人民共和國主席有以下職能：根據全國人民代表大會的決定和全國人民代表大會常務委員會的決定，公佈法律，任免國務院總理、副總理、國務院委員、各部長、各委員會主任、審計長、祕書長，授予國家的勳章和榮譽稱號；發佈特赦令，宣佈進入緊急狀態，宣佈戰爭狀態，發佈動員令；代表中華人民共和國，進行國事活動，接受外國使節；根據全國人民代表大會常務委員會的決定，派遣和召回駐外全權代表，批准和廢除同外國締結的條約和重要協定。

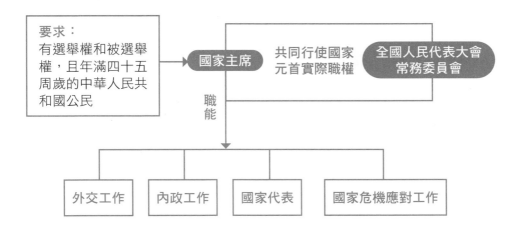

中華人民共和國國務院

中華人民共和國國務院，即中央人民政府。按照憲法規定，全國人民代表大會是國家最高權力機關，國務院則是最高國家權力機關的執行機關，是最高國家行政機關。國務院由總理、副總理、國務委員、各部部長、各委員會主任、審計長、祕書長等成員組成，實行總理負責制。

國務院行使的職權包括：根據憲法和法律，規定政策措施，制定行政法規，發佈決定和命令；向全國人大或全國人大常委會提出議案；規定各部和各委員會的任務和職責，統一領導各部和各委員會的工作，並且領導不屬於各部和各委員會的全國性的行政工作；統一領導全國地方各級國家行政機關的工作，規定中央和省、自治區、直轄市的國家行政機關的職權的具體劃分，等等。

中華人民共和國國家機構體系

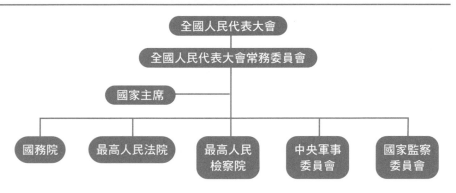

地方各級人民代表大會與地方各級人民政府

地方國家權力機關	地方各級國家權力機關的執行機關
省、自治區、各直轄市及人民解放軍人民代表大會及常務委員會	省（自治區、直轄市）人民政府
各縣、區人民代表大會及各縣人大常務委員會	縣（自治縣、市）人民政府
鄉人民代表大會	鄉（民族鄉、鎮）人民政府

監察委員會

　　中華人民共和國設立國家監察委員會和地方各級監察委員會。國家監察委員會領導地方各級監察委員會的工作，上級監察委員會領導下級監察委員會的工作。監察委員會依照法律規定，獨立行使監察權，不受行政機關、社會團體和個人的干涉。監察機關辦理職務違法和職務犯罪案件，應當與審判機關、檢察機關、執法部門互相配合，互相制約。

人民法院

　　人民法院是國家的審判機關。中華人民共和國設立最高人民法院、地方各級人民法院和軍事法院等專門人民法院。人民法院依照法律規定獨立行使審判權，不受行政機關、社會團體和個人的干涉。最高人民法院是國家最高審判機關。最高人民法院監督地方各級人民法院和專門人民法院的審判工作，上級人民法院監督下級人民法院的審判工作。人民法院審理案件，除法律規定的特別情況外，一律公開進行。被告人有權獲得辯護。

　　最高人民法院院長每屆任期與全國人民代表大會每屆任期相同。

人民檢察院

　　人民檢察院是國家的法律監督機關。中華人民共和國設立最高人民檢察院、地方各級人民檢察院和軍事檢察院等專門人民檢察院。人民檢察院依照法律規定獨立行使檢察權，不受行政機關、社會團體和個人的干涉。最高人民檢察院是最高檢察機關。最高人民檢察院領導地方各級人民檢察院和專門人民檢察院的工作，上級人民檢察院領導下級人民檢察院的工作。

　　最高人民檢察院檢察長每屆任期與全國人民代表大會每屆任期相同。

中國人民政治協商會議

　　中國人民政治協商會議（簡稱「人民政協」）是中國人民愛國統一戰線的組織，是中國共產黨領導的多黨合作和政治協商的重要機構，是中國政治生活中發揚社會主義民主的一種重要形式。中國人民政治協商會議是中國各族人民經過長期的革命鬥爭，在新中國成立前夕，由中國共產黨和各民主黨派、無黨派民主人士、各人民團體、各界愛國人士共同創立的。

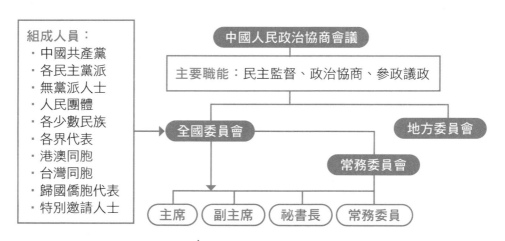

組成人員：
・中國共產黨
・各民主黨派
・無黨派人士
・人民團體
・各少數民族
・各界代表
・港澳同胞
・台灣同胞
・歸國僑胞代表
・特別邀請人士

中國人民政治協商會議

主要職能：民主監督、政治協商、參政議政

全國委員會　　　　　　地方委員會

常務委員會

主席　副主席　祕書長　常務委員

社會團體

　　社會團體是指公民行使結社權利自願組成，為實現會員的共同意願，按照其章程開展活動的非營利性社會組織。中國的社會團體依據憲法和法律獨立自主地開展活動。這些社團的分支機構遍佈城鄉，參與國家和地方的政治生活，協調社會公共事物，維護羣眾合法權益，在各方面都發揮着巨大的作用。

　　中國社會團體的主要種類包括科技、教育、文化、衛生、體育、環境保護、法律服務、社會中介服務等。規模較大的社會團體有中華全國總工會、中華全國婦女聯合會、中國共產主義青年團、中國少年先鋒隊、中華全國工商業聯合會、中國消費者協會、中國科學技術協會、中華全國台灣同胞聯誼會、中國文學藝術界聯合會、中華全國歸國華僑聯合會、中國作家協會、中國人民對外友好協會、中國國際貿易促進委員會、中國殘疾人聯合會、中國紅十字會等。

政治與法律篇

中國的執政黨

中國共產黨

中國共產黨成立於1921年，是中華人民共和國的執政黨。中國共產黨成立以來，領導中國人民艱苦奮鬥，在領導新民主主義革命走向勝利的偉大鬥爭中，確立了核心領導地位。中華人民共和國成立後，中國共產黨領導全國人民確立了社會主義基本制度，開展了大規模社會主義建設，為當代中國的發展進步奠定了根本的政治前提和物質、制度基礎。1978年以來，中國共產黨領導中國人民實施改革開放政策，開創、發展了中國特色社會主義，中國的社會主義現代化建設進入新時期。

中國共產黨的領導是中國特色社會主義最本質的特徵，是中國特色社會主義制度的最大優勢。中國近現代政治發展的歷史和實踐證明，中國的民主政治建設，必須從中國的基本國情出發，盲目照搬別國政治制度和政黨制度模式，是不可能成功的。

中共十八大以來，中國特色社會主義進入新時代，意味着近代以來久經磨難的中華民族迎來了從站起來、富起來到強起來的偉大飛躍，迎來實現中華民族偉大復興的光明前景。

中國共產黨建黨以來最重要的三份關鍵性歷史文件

決議名稱	《關於若干歷史問題的決議》	《關於建國以來黨的若干歷史問題的決議》	《關於黨的百年奮鬥重大成就和歷史經驗的決議》
發佈時間	1945 年	1981 年	2021 年
歷史背景	爭取抗日戰爭最後勝利的關頭	改革開放初起、決定當代中國前途命運的歷史轉折時期	建黨一百周年的重要歷史時刻、在「兩個一百年」奮鬥目標的歷史交匯點
主要內容	總結建黨 24 年來的歷史，特別是六屆四中全會至遵義會議前這一段時期的中共歷史。	回顧和總結新中國成立以來社會主義革命和建設 32 年的歷史。	全面總結中共百年奮鬥特別是改革開放 40 多年來的重大成就和歷史經驗，突出中國特色社會主義新時代這個重點。

《中國共產黨章程》與中國共產黨的組織原則

《中國共產黨章程》是中國共產黨最根本的黨內法規，也是中共各級組織和全體黨員必須遵守的基本準則和規定。黨章對中共性質和宗旨、路線和綱領、指導思想和奮鬥目標、組織原則和組織機構、黨員義務和權利以及黨內紀律等做出根本規定。

從1922年中國共產黨第一部正式黨章誕生至今，作為立黨、管黨、治黨的總章程，黨章的歷史沿革見證了中國共產黨的初心，也見證了中國共產黨的輝煌歷程。黨章的每一次修訂，都體現出中國共產黨與時俱進的魄力。現行中國共產黨章程由中國共產黨第二十次全國代表大會部分修改，2022年10月22日通過。

《中國共產黨章程》規定，中國共產黨是根據自己的綱領和章程，按照民主集中制組織起來的統一整體。黨的組織從上至下分為中央組織、地方組織、基層組織三個層級，黨的最高領導機關是黨的全國代表大會和它產生的中央委員會。中央以下、基層以上的組織為地方組織。在企業、農村、機關、學校、科研院所、街道社區、社會團體、社會中介組織、人民解放軍連隊和其他基層單位的為基層組織。凡是有正式黨員三人以上的，都應當成立黨的基層組織。中國共產黨的組織原則是民主集中制，也就是民主基礎上的集中和集中指導下的民主相結合的制度。根據黨章規定，黨員個人必須服從黨的組織，少數服從多數，下級組織服從上級組織，全黨各級組織和全體黨員服從黨的全國代表大會和中央委員會。

中國的政治制度

人民代表大會制度

　　人民代表大會制度是中國人民民主專政的政權組織形式，是中國的根本政治制度。發展中國特色社會主義民主政治，真正讓人民當家作主，是社會主義制度優越性的重要體現。

　　在中國，人民是國家和社會的主人。憲法規定：「中華人民共和國的一切權力屬於人民。」這是中國國家制度的核心和基本原則。人民行使國家權力的機關是全國人民代表大會和地方各級人民代表大會。全國人民代表大會和地方各級人民代表大會都由民主選舉產生，對人民負責，受人民監督。選民或者選舉單位有權依法罷免自己選出的代表。全國人民代表大會每屆任期五年，每年舉行一次會議。

　　中國的權力機關是全國人民代表大會和地方各級人民代表大會。全國人民代表大會是國家最高權力機關，地方各級人民代表大會是地方各級國家權力機關，縣級以上的地方各級人大設立常委會。國家行政機關、審判機關、檢察機關等都由人民代表大會產生，對它負責，受它監督。

中國共產黨領導的多黨合作和政治協商制度

　　中國基本的政治制度，是中國共產黨領導的多黨合作和政治協商制度，這是具有中國特色的政黨制度。在中國，除中國共產黨以外，還有八大民主黨派。中國共產黨是執政黨，各民主黨派是參政黨。這些黨派包括中國國民黨革命委員會、中國民主同盟、中國民主建國會、中國民主促進會、中國農工民主黨、中國致公黨、九三學社和台灣民主自治同盟。各民主黨派在政治上擁護中國共產黨的領導，同時享有憲法規定範圍內的政治自由、組織獨立和法律地位平等。中國共產黨與各黨派合作的基本方針是「長期共存、互相監督、肝膽相照、榮辱與共」。

　　目前，在各級人大常委會、政協委員會、政府機構和經濟、文化、教育、科技等部門，均有眾多民主黨派成員擔任領導職務，各省、自治區、直轄市和各大中城市都建有民主黨派的地方組織和基層組織。

全國人民代表大會機構設置圖

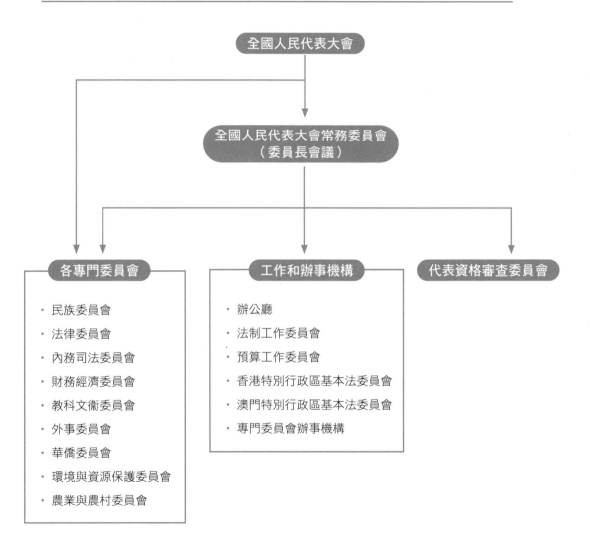

全國人民代表大會

全國人民代表大會常務委員會
（委員長會議）

各專門委員會

- 民族委員會
- 法律委員會
- 內務司法委員會
- 財務經濟委員會
- 教科文衛委員會
- 外事委員會
- 華僑委員會
- 環境與資源保護委員會
- 農業與農村委員會

工作和辦事機構

- 辦公廳
- 法制工作委員會
- 預算工作委員會
- 香港特別行政區基本法委員會
- 澳門特別行政區基本法委員會
- 專門委員會辦事機構

代表資格審查委員會

中國八大民主黨派

黨派名稱	簡稱	主要創始人	成立時間	成立地點
中國國民黨革命委員會	民革	宋慶齡、李濟深	1948.01	香港
中國民主同盟	民盟	黃炎培、張瀾	1941.03	重慶
中國民主建國會	民建	黃炎培、胡厥文	1945.12	重慶
中國民主促進會	民進	馬敍倫、王紹鏊	1945.12	上海
中國農工民主黨	農工黨	鄧演達、章伯鈞、黃琪翔	1930.08	上海
中國致公黨	致公黨	李濟深、陳尤其	1925.10	舊金山
九三學社	/	許德珩	1946.05	重慶
台灣民主自治同盟	台盟	謝雪紅	1947.11	香港

民族區域自治制度

　　民族區域自治制度，是指在國家統一領導下，各少數民族聚居的地方實行區域自治，設立自治機關，行使自治權的制度。民族區域自治制度是中國的基本政治制度之一，是建設中國特色社會主義政治的重要內容。這一制度就是在國家的統一領導下，以少數民族聚居的地區為基礎，建立相應的自治機關，行使自治權，由少數民族自己當家作主，管理本民族內部地方事務。中央政府在財力和物力上給予民族自治地方積極支援，以促進當地經濟文化的發展。民族自治地方的自治機關除行使同級地方國家機關的職權外，還享有廣泛的自治權。

民族自治地方的行政級別機關與地位

民族自治地方級別 （以地域大小和人口決定）	自治機關
自治區（省級）	人民代表大會與人民政府
自治州（地方市級）	人民代表大會與人民政府
自治縣（縣級）	人民代表大會與人民政府

基層民主制度

　　基層民主制度即基層群眾自治制度，是指城鄉居民群眾以相關法律法規政策為依據，在城鄉基層黨組織領導下，在居住地範圍內，依託基層群眾自治組織，直接行使民主選舉、民主決策、民主管理和民主監督等權利，實行自我管理、自我服務、自我教育、自我監督的制度與實踐。基層群眾自治是人民當家作主最有效、最廣泛的途徑。

　　基層民主制度是人民參與管理國家事務和社會事務的一種形式，是社會主義民主制度的一個重要方面。

法治中國

法治中國建設

建設社會主義法治中國，是建設富強民主文明和諧的社會主義現代化國家的重要目標之一。全面推進依法治國總目標的內涵十分豐富，其中包括法治中國的五大體系，即完備的法律規範體系、高效的法治實施體系、嚴密的法治監督體系、有力的法治保障體系以及完善的黨內法規體系。

2021年1月，中共中央印發《法治中國建設規劃（2020－2025年）》，這是新中國成立以來第一個關於法治中國建設的專門規劃。規劃提出，必須加強和改進立法工作，深入推進科學立法、民主立法、依法立法，不斷提高立法品質和效率。深入推進嚴格執法、公正司法、全民守法，健全社會公平正義法治保障制度，不斷增強人民群眾的幸福感與安全感。完善權力運行制約和監督機制，規範立法、執法、司法機關權力行使，構建中國共產黨統一領導、全面覆蓋、權威高效的法治監督體系。中國人民為爭取民主、自由、平等，建設法治國家，進行了長期不懈的奮鬥，深知法治的意義與價值。中共十九大描繪了2035年基本建成法治國家、法治政府、法治社會的藍圖。依法治國，建設社會主義法治國家，是中國人民的主張、理念，也是中國人民的實踐。

中華人民共和國憲法

《中華人民共和國憲法》是中華人民共和國的根本大法，是治國安邦的總章程，具有最高法律效力。憲法是其他法律的立法基礎，任何法律法規不得同憲法相抵觸。

《中華人民共和國憲法》的主要內容包括：中國社會制度和國家制度的基本原則；公民的基本權利和義務；國家機關的組織機構和主要職責；國旗、國歌、國徽和首都。憲法的內容涉及到國家生活的各個方面。

中華人民共和國成立後，曾於1954年、1975、1978年和1982年通過四部憲法，現行憲法為1982年憲法，並歷經1988年、1993年、1999年、2004年、2018年五次修訂。第十二屆全國人民代表大會常務委員會在2014年11月決定，將每年的12月4日訂為國家憲法日，目的是為了增強全社會的憲法意識，弘揚憲法精神，加強憲法實施，全面推進依法治國。這一天全國會開展多種形式的憲法宣傳教育活動。

《中華人民共和國憲法》主要內容

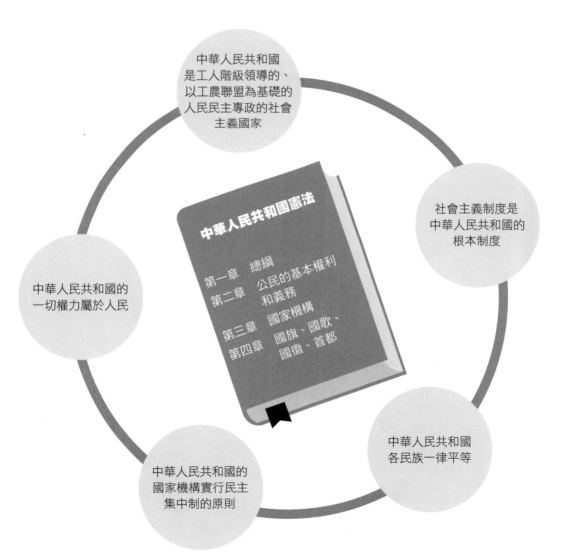

中華人民共和國是工人階級領導的、以工農聯盟為基礎的人民民主專政的社會主義國家

社會主義制度是中華人民共和國的根本制度

中華人民共和國的一切權力屬於人民

中華人民共和國憲法

第一章 總綱
第二章 公民的基本權利和義務
第三章 國家機構
第四章 國旗、國歌、國徽、首都

中華人民共和國各民族一律平等

中華人民共和國的國家機構實行民主集中制的原則

《中華人民共和國民法典》

《中華人民共和國民法典》是新中國第一部以法典命名的法律，被稱為「社會生活的百科全書」，在法律體系中居於基礎性地位，也是市場經濟的基本法，2021年1月1日起施行。

《中華人民共和國民法典》共7編、1260條，各編依次為總則、物權、合同、人格權、婚姻家庭、繼承、侵權責任以及附則。通篇貫穿以人民為中心的發展思想，着眼滿足人民對美好生活的需要，對公民的人身權、財產權、人格權等做出明確翔實的規定，並規定侵權責任，明確權利受到削弱、減損、侵害時的請求權和救濟權等，體現了對人民權利的充分保障。

《民法典》的頒行是中國法制史的重要的里程碑之一，對國家、社會和個人都將產生深遠的影響。

司法體制

司法體制是指一個國家完整的司法體系，包括制度、法律、機構等。中國的司法機關包括「公檢法司安」機關。「公」指公安機關，「檢」指檢察機關（人民檢察院），「法」指審判機關（人民法院），「司」指司法行政機關，「安」指國家安全機關。「公檢法司安」機關根據職能依法履行不同職責。我國的公安機關、國家安全機關和司法行政機關雖然是行政機關，但也承擔部分司法方面的職能，人民法院和人民檢察院是專門行使審判權和檢察權的司法機關。

審判機關：

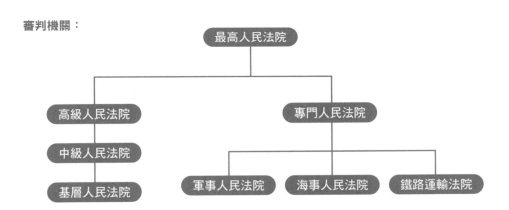

檢察機關：

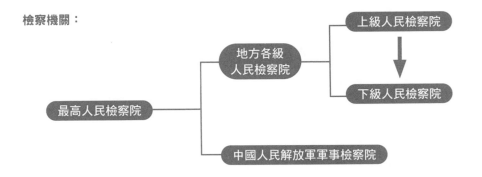

社會經濟篇

經濟體制

社會主義市場經濟體制

社會主義市場經濟體制是中國共產黨在建設中國特色社會主義進程中的一個重大理論和實踐創新。1992年，中共十四大正式確立「中國經濟體制改革的目標是建立社會主義市場經濟體制」。社會主義市場經濟是與社會主義基本制度結合在一起的，既可以發揮市場經濟的長處，又可以發揮社會主義制度的優越性。

2012年中共十八大召開，開啟了中國特色社會主義新時代。當前，中國經濟已經從高速增長階段轉向高品質發展階段，處在轉變發展方式、優化經濟結構、轉換增長動力的攻關期。經過三十年的實踐，中國社會主義市場經濟體制已經初步建立，但仍存在不少問題，為進一步堅持和完善社會主義基本經濟制度，構建高水平的社會主義市場經濟體制，2020年5月，中國共產黨黨中央印發《關於新時代加快完善社會主義市場經濟體制的意見》，提出建設高標準市場體系，全面完善產權、市場准入、公平競爭等制度，推進要素市場制度建設，完善政府經濟調節、市場監管、社會管理、公共服務、生態環境保護等職能，完善社會主義市場經濟法治體系，築牢社會主義市場經濟有效運行的體制基礎。

以人民為中心的發展思想

以人民為中心的發展思想，是習近平新時代中國特色社會主義思想的重要內容。2015年10月，中國共產黨的十八屆五中全會通過《中共中央關於制定國民經濟和社會發展第十三個五年規劃的建議》，建議提出，必須堅持以人民為中心的發展思想，把增進人民福祉、促進人的全面發展作為發展的出發點和落腳點，發展人民民主，維護社會公平正義，保障人民平等參與、平等發展權利，充分調動人民積極性、主動性、創造性。

中共十一屆三中全會後，為了解決人民日益增長的物質文化需要同落後的社會生產之間的矛盾，中國共產黨和國家把工作中心轉移到經濟建設上來，實行改革開放政策，着力通過經濟體制改革，激發人民羣眾參與改革發展的積極性、主動性、創造性，使生產力快速發展、人民生活水平快速提高。20世紀末，中國穩定解決了十幾億人的溫飽問題，總體上實現小康。進入新時代，中國共產黨黨中央進一步完善社會主義基本經濟制度，大力推進中國經濟的高品質發展，國家經濟實力、科技實力、綜合國力躍上新台階。

「中國夢」概念與「兩個一百年」奮鬥目標

2012年召開的中共十八大描繪了全面建成小康社會,加快推進社會主義現代化的宏偉藍圖,發出了向「兩個一百年」奮鬥目標前進的時代號召。2012年,中共中央總書記習近平第一次闡釋了「中國夢」的概念。

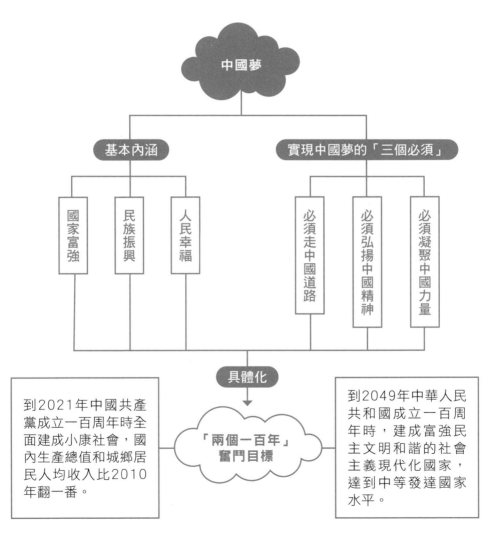

全面建成小康社會

「小康社會」是鄧小平在20世紀70年代末80年代初在規劃中國經濟社會發展藍圖時提出的戰略構想。隨着中國特色社會主義建設事業的深入，其內涵和意義不斷得到豐富和發展。在20世紀末基本實現小康的情況下，中共十六大報告明確提出「全面建設小康社會」，中共十七大報告在此基礎上提出新的更高要求，中共十八大報告根據中國經濟社會發展實際和新的階段性特徵，在黨的十六大、十七大確立的全面建設小康社會目標的基礎上，提出了到2020年「全面建成小康社會」的目標。

2021年7月1日，中共中央總書記習近平在慶祝中國共產黨成立100周年大會上宣告，中國已經實現了第一個百年奮鬥目標，歷史性地解決了絕對貧困問題，在中華大地上全面建成了小康社會，邁出了實現中華民族偉大復興的關鍵一步。

新發展理念

發展是解決中國一切問題的基礎和關鍵，是當代中國的第一要務。中共十八大以來，在深刻總結國內外發展經驗教訓、分析國內外發展大勢的基礎上，針對中國發展中的突出矛盾和問題，習近平主席提出了創新、協調、綠色、開放、共享的新發展理念。這五大發展理念相互貫通，相互促進，是具有內在聯繫的集合體，不能顧此失彼，也不能相互替代。

新發展理念集中體現了中國共產黨對新的發展階段基本特徵的深刻洞察和科學把握，標誌着中國共產黨對經濟社會發展規律的認識達到了新的高度，是中國經濟社會發展必須長期遵循的重要策略。

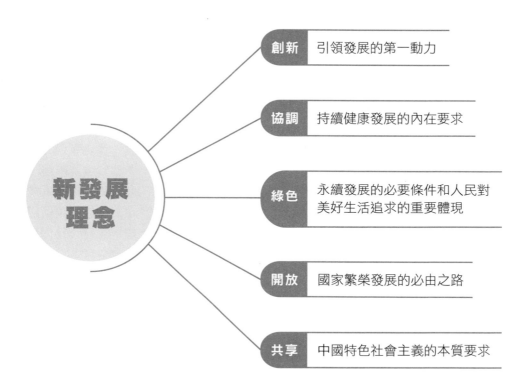

創新　引領發展的第一動力

協調　持續健康發展的內在要求

綠色　永續發展的必要條件和人民對美好生活追求的重要體現

開放　國家繁榮發展的必由之路

共享　中國特色社會主義的本質要求

新發展理念

「五位一體」總體佈局和「四個全面」戰略佈局

2012年，中共十八大提出經濟建設、政治建設、文化建設、社會建設、生態文明建設「五位一體」的建設中國特色社會主義總體佈局，即在堅持以經濟建設為中心的同時，全面推進經濟建設、政治建設、文化建設、社會建設、生態文明建設，促進現代化建設各個環節、各個方面協調發展。

「四個全面」戰略佈局，即全面建成小康社會、全面深化改革、全面依法治國、全面從嚴治黨。這是中共十八大以來黨中央治國理政的總體框架。

「五位一體」總體佈局和「四個全面」戰略佈局相互促進，彼此聯動，旨在以推動經濟發展為基礎，統籌建設社會主義市場經濟、民主政治、先進文化、生態文明、和諧社會，協同推進人民富裕、國家強盛。

國內國際雙循環新發展格局

發展市場經濟需要利用國內國際兩個市場、兩種資源，協調國內國際兩個循環。改革開放以前，中國經濟以國內循環為主。改革開放以後，特別是2001年加入世貿組織後，中國抓住經濟全球化機遇，參與全球分工，開拓全球市場，取得經濟飛速發展。2008年國際金融危機後，中央為了應對外部風險，轉而把擴大內需作為保持經濟平穩較快發展的基本立足點，強化了內循環在經濟中的作用。2012年中共十八大以來，中國經濟轉向高品質發展階段。基於國內外形勢變化，中央提出推進供給側結構性改革，同時繼續堅持擴大內需，更多地通過內需特別是消費需求拉動經濟發展。2020年4月，在中央財經委員會第七次會議上，習近平總書記強調要構建以國內大循環為主體、國內國際雙循環相互促進的新發展格局。5月，中共中央政治局常委會會議首次提出「深化供給側結構性改革，充分發揮我國超大規模市場優勢和內需潛力，構建國內國際雙循環相互促進的新發展格局」。中共十九屆五中全會通過的《中共中央關於制定國民經濟和社會發展第十四個五年規劃和2035年遠景目標的建議》，將「加快構建以國內大循環為主體、國內國際雙循環相互促進的新發展格局」納入其中。

國內國際雙循環新發展格局示意圖

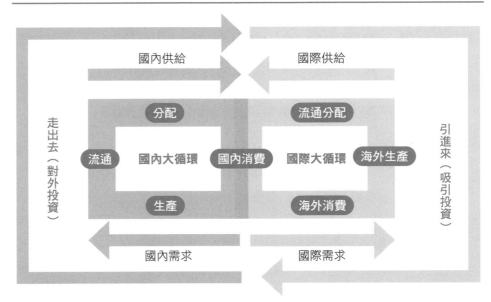

農業發展

「三農」問題

「三農」問題是指農業、農村和農民三個問題。這些問題是關係國計民生的根本性問題，中國共產黨始終把解決好「三農」問題作為全黨工作的重中之重，具體而言，就是持續加大強農惠農富農政策力度，按照產業興旺、生態宜居、鄉風文明、治理有效、生活富裕的總要求，建立健全城鄉融合發展體制機制和政策體系；全面深化農村改革，鞏固完善農村基本經營制度，積極推進承包地確權登記頒證和「三權分置」改革，保障農民財產權益，完善農業支持保護制度；推進鄉村治理體系和農產品流通體制改革，以農業供給側結構性改革為主線，推進鄉村振興戰略，為農業農村發展提供不竭的強大動力。

近年來，中國堅持農業農村優先發展，切實抓好農業特別是糧食生產。2022年，中國的糧食年產量達到68653萬噸（13731億斤），連續8年保持在1.3萬億斤以上。棉油糖、肉蛋奶、果菜茶等主要農產品供給充足，優質綠色農產品比重上升。全國新型職業農民總量已達到1500萬人，佔農村實用人才的75%。

脫貧攻堅

中國曾經是一個貧弱的大國。新中國成立以來，中國共產黨帶領人民持續向貧困宣戰，成功走出了一條具有中國特色的脫貧道路，為全面建成小康社會打下堅實基礎。

2015年，中共中央政治局審議通過《關於打贏脫貧攻堅戰的決定》。中共中央總書記習近平強調，消除貧困、改善民生、逐步實現共同富裕，是社會主義的本質要求，是中國共產黨的重要使命。

脫貧攻堅

目標 →

農村貧困人口
· 穩定實現不愁吃、不愁穿
· 義務教育
· 基本醫療
· 住房安全保障

目標 →

貧困地區農民
· 實現人均可支配收入增長幅度高於全國平均水平
· 基本公共服務主要領域指標接近全國平均水平

成果

2021年，中國的脫貧攻堅戰取得全面勝利，現行標準下**9899萬**農村貧困人口全部脫貧，區域性貧困得到解決，完成了消除絕對貧困的艱巨任務。

目前，中國已經成為世界上減貧人口最多的國家，也是世界上率先完成聯合國千年發展目標的國家。

農村經濟改革與發展

農村經濟改革，是中國經濟體制改革的重要組成部分。在20世紀50年代至80年代初的很長時期內，中國農村實行的是「政社合一」的人民公社制度。這一制度具有集體優勢，但管理許可權過於集中，分配上搞平均主義，挫傷了廣大農民的生產積極性，因此，當時的農業生產發展和農民生活改善都比較緩慢。

1978年，中共十一屆三中全會做出《關於加快農業發展若干問題的決定》，改變農村政策，調整農村生產關係，促進了農村商品經濟的發展。1992年以後，中共中央又出台了一系列具體政策措施，農村經濟全面向市場經濟過渡。中共十五屆三中全會做出的《中共中央關於農業和農村工作若干重大問題的決定》，第一次比較完整地提出了農村經濟體制改革的目標：基本建立以家庭經營為基礎，以農業社會化服務體系、農產品市場體系和國家對農業的支持保護體系為支撐，適應發展社會主義市場經濟要求的農村經濟體制。經過一系列改革，中國的農村經濟與發展已經出現了歷史性巨變，糧食和其他農產品大幅度增長，鄉鎮企業異軍突起，帶動農村產業結構、就業結構變革和小城鎮發展，農民生活水平顯著提高。

鄉村振興戰略

21世紀以來，中共中央持續加大對農村的扶持力度，堅持把農業、農村、農民問題作為工作的重中之重。從2003年起，連續16年，中央一號文件均聚焦於農業、農村、農民這「三農」問題。中共十七大和十八大也分別提出城鄉統籌和城鄉一體化的發展思路，對於推動農村發展、增加農民收入起到重要作用。中共十九大首次提出實施鄉村振興戰略，並將其確定為決勝全面建成小康社會需要堅定實施的七大戰略之一。

鄉村振興戰略強調，堅持農業農村優先發展，按照產業興旺、生態宜居、鄉風文明、治理有效、生活富裕的總要求，建立健全城鄉融合發展體制機制和政策體系，加快推進農業農村現代化。鄉村振興的關鍵和重點是產業振興。實施鄉村振興戰略需要全面深化農村改革，鞏固和完善農村基本經營制度；深化

農村土地制度改革；深化農村集體產權制度改革，保障農民財產利益；壯大集體經濟，確保國家糧食安全；構建現代農業產業體系、生產體系、經營體系，發展多種形式適度規模經營，培育新型農業經營主體；健全農業社會化服務體系，實現小農戶和現代農業發展有機銜接。

實施鄉村振興戰略「三步走」

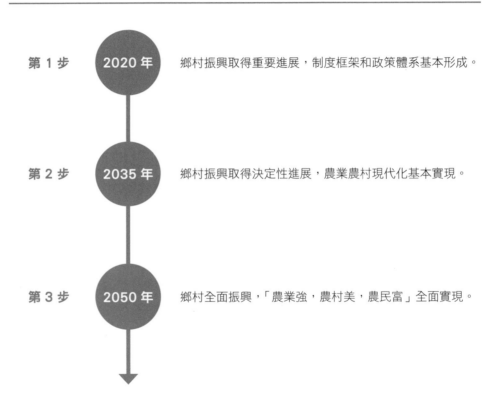

第 1 步　2020 年　鄉村振興取得重要進展，制度框架和政策體系基本形成。

第 2 步　2035 年　鄉村振興取得決定性進展，農業農村現代化基本實現。

第 3 步　2050 年　鄉村全面振興，「農業強，農村美，農民富」全面實現。

工商業發展

新中國成立以來，中國的工業發展取得了巨大成就。在「一窮二白」的工業發展基礎上，新中國建立了有相當規模的獨立的現代工業體系。

新中國之初，由於帝國主義、封建主義、官僚資本主義長期的壓榨掠奪和連年戰爭的破壞，整個國民經濟已處於崩潰狀態。在國民經濟恢復期（1949－1952年），國家通過沒收官僚資本、徵管和接收外國在華資本，建立起國營經濟，逐步掌握了國民經濟命脈。「一五計劃」時期（1953－1957年）確立了重工業優先發展戰略，為了實施和保障重工業優先發展，加快了對農業、手工業和資本主義工商業三個行業的社會主義改造，以高度集中的行政命令為主的計劃經濟體制覆蓋了整個國民經濟體系。

改革開放之後，中國確立了建立社會主義市場經濟的發展方向，工業發展也開始了全面的市場化轉型。40多年來，中國工業發展取得全方位的成就，工業總量快速增長，主要工業產品產量位居世界前列；中國工業的國際地位顯著提升，成為驅動全球工業增長的重要引擎；工業行業結構持續優化，產業轉型升級步伐加快；工業技術進步扎實推進；工業節能減排成效顯著，綠色發展水平大幅度提升；工業對外貿易量質齊升，國際競爭力顯著增強。

三資企業

三資企業即在中國境內設立的外商投資企業，分為中外合資經營企業、中外合作經營企業、外商獨資企業（或外資企業）三類。三資企業是經有關部門批准，遵守相關法律規定從事某種經營活動，由一個或以上境外投資方和中國投資方共同經營，實行獨立核算，自負盈虧的經濟實體。它們都有外商投資成分，是中國改革開放以後對外招商、引進資本的幾種形式。

三資企業比較

類型	相關法律	定義
中外合資企業	《中華人民共和國中外合資經營企業法》	指外國企業或外國人與中國內地企業依照《中華人民共和國中外合資經營企業法》及有關法律的規定，按合同規定的比例投資設立，分享利潤和分擔風險的企業。
中外合作經營企業	《中華人民共和國中外合作經營企業法》	指外國企業或外國人與中國內地企業依照《中華人民共和國中外合作經營企業法》及有關法律的規定，依照合作合同的約定（比如中方提供土地、廠房、勞動力，外方提供資金、技術、設備等）進行投資或提供條件設立，分配利潤、分擔風險和虧損的企業。
外資企業	《中華人民共和國外資企業法》	指依照《中華人民共和國外資企業法》及有關法律的規定，在中國內地由外國投資者全額投資設立的企業。

國企改革與發展

國有企業是指國務院和地方人民政府分別代表國家履行出資人職責的國有獨資企業、國有獨資公司以及國有資本控股公司，包括中央和地方國有資產監督管理機構和其他部門所監管的企業本級及其逐級投資形成的企業。作為一種生產經營組織形式，國有企業同時具有商業和公益的特點，其商業性體現為追求國有資產的保值和增值，其公益性體現為對於國民經濟發展的調和作用。

國有企業是國民經濟發展的中堅力量，大型國有企業更是國民經濟的中流砥柱，因此，國有企業改革是經濟體制改革的中心環節。中國共產黨的十八大報告指出，要毫不動搖鞏固和發展公有制經濟，推行公有制多種實現形式，深化國有企業改革，完善各類國有資產管理體制，推動國有資本更多投向關係國家安全和國民經濟命脈的重要行業和關鍵領域，不斷增強國有經濟的活力、控制力與影響力。建設中國特色現代國有企業制度是國企改革的大方向。

創新發展

經濟發展新常態

　　中國經濟發展進入新常態，是中共十八大以來綜合分析世界經濟長週期和中國發展階段性特徵及其相互作用做出的重大戰略判斷。從時間上看，中國出口優勢和參與國際產業分工模式面臨新挑戰，經濟發展新常態是這種變化的體現。

　　總之，中國發展的環境、條件、任務、要求都發生了新的變化，經濟發展進入新常態。新常態下，中國經濟發展的主要特點是：增長速度要從高速增長轉向中高速，發展方式要從規模速度型轉向質量效率型，經濟結構調整要從增量擴能為主轉向調整存量、做優增量並舉，發展動力要從主要依靠資源和低成本勞動力等要素投入轉向創新驅動。這些變化，是中國經濟向形態更高級、分工更優化、結構更合理的階段演進的必經過程。

創新驅動發展

　　中共十八大明確提出，科技創新是提高社會生產力和綜合國力的戰略支撐，必須擺在國家發展全局的核心位置，強調要堅持走中國特色的自主創新道路，實施創新驅動發展戰略。

　　實施創新驅動發展戰略，就是要推動以科技創新為核心的全面創新，堅持需求導向和產業化方向，堅持企業在創新中的主體地位，發揮市場在資源配置中的決定性作用和社會主義制度優勢，增強科技進步對經濟增長的貢獻度，形成新的增長動力源泉，推動經濟持續健康發展。主要措施包括：營造激勵創新的公平競爭環境，建立技術創新市場導向機制，強化金融創新的功能，完善成果轉化激勵機制，構建更加高效的科研體系，創新培養、應用和吸引人才機制，推動形成深度融合的開放創新局面。

創新型國家

創新是引領發展的第一動力，是建設現代化經濟體系的戰略支撐。2006年，全國科技大會提出自主創新、建設創新型國家戰略，頒佈了《國家中長期科學和技術發展規劃綱要（2006－2020）》。中共十八大以來，中國在實施創新驅動發展戰略上取得顯著成就，科技進步對經濟增長的貢獻率從2012年的52.2%提高到2020年的60%，有力推動了產業轉型升級。為加快創新性國家建設，中共十九大報告強調，瞄準世界科技前沿，強化基礎研究，實現前瞻性基礎研究、引領性原創成果重大突破；加強應用基礎研究，拓展實施國家重大科技項目，突出關鍵共性技術、前沿引領技術、現代工程技術、顛覆性技術創新，為建設科技強國、品質強國、航天強國、網絡強國、交通強國、數字中國、智慧社會提供有力支撐；加強國家創新體系建設，強化戰略科技力量；深化科技體制改革，建立以企業為主體、市場為導向、產學研深度融合的技術創新體系。

經濟規劃和區域發展

國民經濟和社會發展「十四五」規劃

　　中華人民共和國國民經濟和社會發展五年規劃綱要，是中國國民經濟計劃的重要組成部分，主要是對國家重大建設項目、生產力分佈和國民經濟重要比例關係等做出規劃，為國民經濟發展遠景規定目標和方向。中國從1953年開始制定第一個「五年計劃」。從「十一五」起，「五年計劃」改為「五年規劃」。

　　《中華人民共和國國民經濟和社會發展第十四個五年規劃》，簡稱「十四五」規劃，規劃起止時間為2021年至2025年，2021年3月正式發佈。「十四五規劃」闡明了「十四五」期間的國家戰略意圖，明確了經濟社會發展的宏偉目標、主要任務和重大舉措，是市場主體的行為導向，是政府履行職責的重要依據，也是全國各族人民的共同願景。「十四五」規劃提出了2035年基本實現社會主義現代化的遠景目標，同時確定了經濟社會發展的主要目標：經濟發展取得新成效；改革開放邁出新步伐；社會文明程度得到新提高；生態文明建設實現新進步；民生福祉達到新水平；國家治理效能得到新提升。

全面開放新格局

　　在1978年進行經濟體制改革的同時，中國開始有計劃、有步驟地實行對外開放。從1980年起，中國先後在沿海地區建立五個經濟特區和一些經濟開發區，開放14個沿海城市、一些邊疆城市以及內陸所有的省會、直轄市、自治區首府，還在一些大中城市建立保稅區、國家經濟技術開發區和高新技術產業開發區。經濟特區－沿海開放城市－沿海經濟開發區－沿江開放地區的格局形成，對外開放城市已經遍佈中國所有省區。這些對外開放地區，由於實行不同的優惠政策，在發展外向型經濟、出口創匯、引進先進技術方面，起到了視窗和對內地的輻射作用。寬領域、多層次、有重點、點線面結合的全方位對外開放格局由此形成。

　　2001年，中國正式加入世界貿易組織，開始進入全面開放的新階段。當前，中國已經全面融入國際經濟大循環，建立起開放型市場、開放型經濟和開放性社會。

「十四五」規劃 6 大主要目標與 17 個方面的戰略任務及舉措

主要目標	戰略任務	戰略任務及舉措
改革開放	深化改革	有為政府
		有效市場
		完善制度
		一流營商環境
	深層開放	「一帶一路」
		貿易和投資自由化便利化
		和平外交
生態文明	綠色發展	污染防治
		山水林田湖草系統治理
國家治理	富國強軍	國防和軍隊現代化
		軍民科技協同創新
	制度完善	中國共產黨的領導
		依法治國
		紀檢監察體制改革
	推進統一	堅持一個中國原則和「九二共識」
		支持港澳發展
	安全發展	金融
		糧食
		生物
		能源資源
		社會
		食品藥品
民生福祉	鄉村振興	人居環境整治
		農產品安全
		農業農村改革

主要目標	戰略任務	戰略任務及舉措
民生福祉	品質城市	戶籍制度改革
		城市羣和都市圈
		城市更新
	區域經濟	京津冀協同發展
		長江經濟帶
		粵港澳大灣區
	民生建設	就業優先
		收入分配優化
		保障婦幼殘權益
社會文明	先進文化	文化自信
		核心價值觀
		傳統文化
	國民素質	健康中國
		積極應對老齡化
		基本公共教育均等化
經濟發展	擴大內需	暢通國內大循環
		促進國內國際雙循環
	創新驅動	尊重人才
		基礎研究
		知識產權保護
	數字經濟	智慧城市
		數字鄉村
		網絡安全保護
	實體經濟	製造強國
		服務業
		戰略性新興產業

中國沿海開放城市示意圖

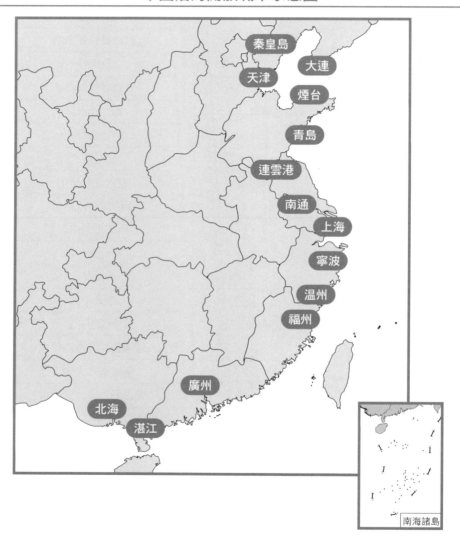

區域協調發展

區域協調發展戰略是新時代中國重大戰略之一，是貫徹新發展理念、建設現代化經濟體系的重要組成部分。當前，中國正以「一帶一路」建設、京津冀協同發展、長江經濟帶發展、粵港澳大灣區建設等重大戰略為引領，以西部、東北、中部、東部四大板塊為基礎，促進區域間融通互補。

西部地區將加強基礎設施建設，建設鐵路、公路和「西煤東運」新通道，推進生態保護工程，發展特色產業。東北地區實現振興，主要是加快產業結構調整和國有企業改革改組改造，發展現代農業，發展高技術產業。中部地區將依託現有基礎，提升產業層次，推進工業化和城鎮化。東部地區將通過提高自主創新能力，實現經濟結構優化和增長方式轉變，在率先發展和改革中帶動幫助中西部地區發展。

經濟特區

建立經濟特區，是黨和國家為推進改革開放和社會主義現代化建設做出的重大決策。以創辦經濟特區為標誌，中國的對外開放邁出了重要的一步。

創辦經濟特區的設想形成於中共十一屆三中全會之後。1979年，中共中央、國務院試辦廣東深圳、珠海、汕頭和福建廈門出口特區。1980年，將這4個出口特區改稱經濟特區。1988年，海南建省，設立海南經濟特區。1992年，上海浦東等國家級新區發展起來，成為中國新一輪改革的重要標誌。2010年，中央批准在新疆的霍爾果斯、喀什設立經濟特區。

經濟特區着重發展外向型經濟，在不損害國家主權的前提下，實行市場調節政策，在計劃、物價、勞動工資、企業管理和對外經濟活動等方面，擴大地方許可權，引進國外的先進技術和管理經驗。經濟特區取得的巨大成就，向世界展示了中國改革開放的堅定決心，也為逐步擴大對外開放和推進經濟體制改革提供了豐富的經驗。

中國經濟特區示意圖

霍爾果斯經濟特區

喀什經濟特區

廈門經濟特區

珠海經濟特區

汕頭經濟特區

海南經濟特區

深圳經濟特區

南海諸島

自由貿易試驗區

　　自由貿易試驗區是指在貿易和投資等方面比世貿組織有關規定更加優惠的貿易安排，在主權國家或地區的關境以外，劃出特定的區域，准許外國商品豁免關稅，自由進出。中國第一個自由貿易試驗區是中國(上海)自由貿易試驗區，2013年9月在上海浦東外高橋掛牌成立。設立自由貿易試驗區，是中國在新形勢下推進改革開放的一項重大舉措，旨在為全面深化改革和擴大開放探索新路徑、積累新經驗，促進各地區共同發展。2013年至2020年，中國已經分多批次批准了21個自貿試驗區，初步形成了東西南北中協調、陸海統籌的開放態勢，推動形成了新一輪全面開放格局。

　　試驗區的總體目標是：經過改革試驗，加快轉變政府職能，積極推進服務業擴大開放和外商投資管理體制改革，大力發展總部經濟和新型貿易業態，加快探索資本項目可兌換和金融服務業全面開放，探索建立貨物狀態分類監管模式，努力形成促進投資和創新的政策支持體系，着力培育國際化和法治化的營商環境，力爭建設成為具有國際水平的投資貿易便利、貨幣兌換自由、監管高效便捷、法制環境規範的自由貿易試驗區。

中國自由貿易試驗區發展

成立時間	名稱	所屬地區
第一批 2013 年 9 月 29 日	中國（上海）自由貿易試驗區 · 上海外高橋保稅區 · 上海外高橋保稅物流園區 · 洋山保稅港區 · 上海浦東機場綜合保稅區	華東地區
第二批 2015 年 4 月 21 日	中國（天津）自由貿易試驗區	華北地區
	中國（福建）自由貿易試驗區	華東地區
	中國（廣東）自由貿易試驗區	華南地區
	中國（上海）自由貿易試驗區 · 陸家嘴金融片區 · 金橋開發片區 · 張江高科片區	華東地區
第三批 2017 年 4 月 1 日	中國（遼寧）自由貿易試驗區	東北地區
	中國（浙江）自由貿易試驗區 · 舟山離島片區 · 舟山島北部片區 · 舟山島南部片區	華東地區
	中國（湖北）自由貿易試驗區	華中地區
	中國（河南）自由貿易試驗區	華中地區
	中國（重慶）自由貿易試驗區	西南地區
	中國（四川）自由貿易試驗區	西南地區
	中國（陝西）自由貿易試驗區	西北地區
第四批 2018 年 10 月 16 日	中國（海南）自由貿易試驗區	華南地區
第五批 2019 年 7 月 27 日	中國（上海）自由貿易試驗區 擴圍 · 臨港新片區	華東地區
第六批 2019 年 8 月 26 日	中國（山東）自由貿易試驗區	華東地區
	中國（江蘇）自由貿易試驗區	華東地區
	中國（廣西）自由貿易試驗區	華南地區
	中國（河北）自由貿易試驗區	華北地區
	中國（雲南）自由貿易試驗區	西南地區
	中國（黑龍江）自由貿易試驗區	東北地區
第七批 2020 年 9 月 21 日	中國（北京）自由貿易試驗區	華北地區
	中國（湖南）自由貿易試驗區	華中地區
	中國（安徽）自由貿易試驗區	華東地區
	中國（浙江）自由貿易試驗區擴展區域 · 杭州片區 · 寧波片區 · 金義片區	華東地區

粵港澳大灣區

粵港澳大灣區包括香港特別行政區、澳門特別行政區和廣東省廣州市、深圳市、珠海市、佛山市、惠州市、東莞市、中山市、江門市、肇慶市，總面積5.6萬平方公里，是中國開放程度最高、經濟活力最強的區域之一，在國家發展大局中具有重要戰略地位。

推進粵港澳大灣區建設，是國家戰略和重大決策。2019年，中共中央、國務院印發《粵港澳大灣區發展規劃綱要》。按照規劃綱要，粵港澳大灣區以香港、澳門、廣州、深圳四大中心城市作為區域發展的核心引擎，不僅要建成充滿活力的世界級城市羣、國際科技創新中心、「一帶一路」建設的重要支撐、內地與港澳深度合作示範區，還要打造成宜居宜業宜遊的優質生活圈，成為高品質發展的典範。截至2022年，粵港澳大灣區常住人口超過8600萬，經濟總量突破13萬億元人民幣。

粵港澳大灣區區域圖

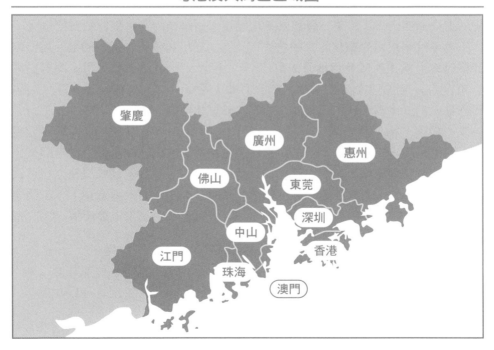

新型工業

　　改革開放以來，中國工業實現了跨越式發展，無論經濟總量還是結構，都躍上了新台階，初步確立了製造大國的地位，並為向製造強國的轉變奠定了堅實基礎。

　　中國強調信息化與工業化的融合，堅定不移地走科技含量高、經濟效益好、資源消耗低、環境污染少、人力資源優勢得到充分發揮的中國特色新型工業化道路。目前，中國已經建成全面的、具有相當規模和水平的現代工業體系和現代通信業，包括由完整的原材料能源工業、裝備工業、消費品工業、國防科技工業、電子信息產業組成的門類齊全的產業體系和豐富的配套鏈條，在各個重要領域形成了一批產能產量居世界前列的工業產品。

電子商務與數字經濟

　　1994年，中國正式接入國際互聯網，進入互聯網時代。以互聯網行業崛起為顯著特徵，伴隨着互聯網用戶數量的高速增長，一大批業內先鋒企業相繼成立。三大門戶網站新浪、搜狐、網易先後創立，阿里巴巴、京東等電子商務網站進入初創階段，百度、騰訊、微博等搜索引擎和社交媒體得到空前發展。

　　隨着互聯網用戶數量的持續快速增長，以網絡零售業為代表的電子商務帶動數字經濟進入新的發展階段。2003年上半年，阿里巴巴推出電子商務網站「淘寶網」，此後發展為全球最大的C2C電子商務平台。2003年下半年，阿里巴巴推出的支付寶業務，逐漸成為第三方支付領域的龍頭。

　　新業態不斷湧現，博客、微博、微信、抖音等自媒體、即時通訊與短視頻平台的出現，使網民個體對社會經濟產生前所未有的深刻影響。數字經濟也給人們的生活帶來極大便利，購物、外賣、出租車、家政服務等業務，都可以通過互聯網解決，共享單車等新的業態模式，也為中國數字經濟注入了新的活力。2020年，中國數字經濟規模達到39.2萬億元，佔GDP比重達38.6%，位居全球第二。

互聯網經濟

互聯網經濟是以互聯網技術為平台，以網絡為媒介，以應用技術創新為核心的經濟活動，是基於互聯網所產生的經濟活動的總和。目前互聯網經濟主要包括電子商務、互聯網金融、即時通訊、搜索引擎和網絡遊戲五大類型。互聯網經濟已經被不少國家視為未來發展的新增長極。

互聯網經濟內涵豐富。它不僅包括互聯網軟件、硬件產業的發展帶來的新的投資、就業和產出，也包括運用各種互聯網技術重組生產、流通所產生的附加值，還包括通過互聯網傳播引導信息消費、商品消費等其他消費。

互聯網經濟重在創新。這和中國經濟當前的新常態不謀而合。中國經濟的增長動力已從要素驅動、投資驅動轉向創新驅動，互聯網正日益成為創新驅動發展的先導力量。要讓互聯網經濟更好地融入新常態，不僅要在互聯網應用技術等核心領域追趕互聯網發達國家，也要培育更多具有世界級規則標準制定權、行業話語權的國際化企業，創新發展互聯網商業新模式，推動互聯網與傳統經濟更加深入地融合。

中國互聯網絡信息中心（CNNIC）2023 年 8 月 28 日發佈的第 52 次《中國互聯網絡發展情況統計報告》

截至 2023 年 6 月：

中國網民人數

較 2022 年增長 **1109 萬人**

互聯網普及率 **76.4%**

10.79 億

互聯網寬帶接入端口數量	光纜線路總長度	移動電話基站總數	5G基站（累計）	活躍APP（被內地市場監測）
11.1 億 個	**6196 萬** 公里	**1129 萬** 個	**293.7 萬** 個	**260 萬** 個

★「5G+ 工業互聯網」快速發展 ★

第 52 次《中國互聯網絡發展狀況統計報告》中互聯網應用的發展

	使用人數最多的互聯網應用 （單位：億人）	用戶使用率（%）
即時通信	10.47	97.1
網絡視頻	10.44	96.8
短視頻	10.26	95.2

	用戶規模增長最快的 互聯網應用（單位：萬人）	與 2022 年 12 月相比的 增長率（%）
網約車	3492	8.0
在線旅行預訂	3091	7.3
網絡文學	3592	7.3

互聯網經濟類型

電子商務	B2B（Business to Business）
	B2C（Business to Consumer）
	C2B（Consumer to Business）
	C2C（Consumer to Consumer）
	O2O（Online to Offline）
互聯網金融 （ITFIN）	網絡支付
	網絡理財
	網絡貸款
	網絡證券
	網絡金融創新
即時通訊	企業即時通訊 / 網站即時通訊（按使用用途）
	手機即時通訊 /PC 即時通訊（按裝載對象）
搜索引擎	全文搜索引擎
	目錄搜索引擎
	元搜索引擎
	垂直搜索引擎
網絡遊戲	客戶端遊戲
	網頁遊戲

交通發展

現代化的高速鐵路網

　　改革開放以來，中國鐵路建設發展迅速。2004年，《中長期鐵路網規劃》實施，中國鐵路進入了快速發展階段，世界上海拔最高的青藏鐵路於2006年建成，中國第一條高速鐵路 —— 京津城際鐵路2008年開通運營，拉開了中國高鐵時代的序幕。2011年建成通車的京滬高速鐵路，是世界上商業運營速度最高、里程最長的高速鐵路。

　　2012年以來，中國鐵路尤其是高速鐵路發展更為迅速。2017年，具有完全自主知識產權的復興號電力動車組上線運營。中國高速鐵路在短時間內實現了從無到有、再到世界第一的跨越式發展。目前，中國高鐵營業里程已佔世界高鐵的三分之二以上，「八縱八橫」高鐵主通道全部貫通，高鐵覆蓋65%以上的百萬人口城市，中國已經擁有世界上最現代化的鐵路網和最發達的高鐵網。

「八縱八橫」簡表

	線路名稱	主要連接地區與城市羣
「八縱」通道	沿海通道	連接東部沿海地區，穿越遼中南、京津冀、山東半島、東隴海、長三角、海峽西岸、珠三角、北部灣等城市羣。
	京滬通道	連接華北、華東地區，貫通京津冀、長三角等城市羣。
	京港（台）通道	連接華北、華中、華東、華南地區，貫通京津冀、長江中游、海峽西岸、珠三角等城市羣。
	京哈 - 京港澳通道	連接東北、華北、華中、華南、港澳地區，貫通哈長、遼中南、京津冀、中原、長江中游、珠三角等城市羣。
	呼南通道	連接華北、中原、華中、華南地區，貫通呼包鄂榆、山西中部、鄭州大都市區、長江中游、北部灣等城市羣。
	京昆通道	連接華北、西北、西南地區，貫通京津冀、太原、關中平原、成渝、滇中等城市羣。
	包（銀）海通道	連接西北、西南、華南地區，貫通呼包鄂、寧夏沿黃、關中平原、成渝、黔中、北部灣等城市羣。
	蘭（西）廣通道	連接西北、西南、華南地區，貫通蘭西、成渝、黔中、珠三角等城市羣。

線路名稱	主要連接地區與城市羣
「八橫」通道　綏滿通道	連接黑龍江及蒙東地區。
京蘭通道	連接華北、西北地區，貫通京津冀、呼包鄂、寧夏沿黃、蘭西等城市羣。
青銀通道	連接華東、華北、西北地區，貫通山東半島、京津冀、太原、寧夏沿黃等城市羣。
陸橋通道	連接華東、華中、西北地區，貫通東隴海、中原、關中平原、蘭西、天山北坡等城市羣。
沿江通道	連接華東、華中、西南地區，貫通長三角、長江中游、成渝等城市羣。
滬昆通道	連接華東、華中、西南地區，貫通長三角、長江中游、黔中、滇中等城市羣。
廈渝通道	連接海峽西岸、中南、西南地區，貫通海峽西岸、長江中游、成渝等城市羣。
廣昆通道	連接華南、西南地區，貫通珠三角、北部灣、滇中等城市羣。

復興號

超級橋隧工程

近年來，中國的交通基礎建設突飛猛進。隨着通車里程的延伸，逢山開路，遇水架橋，「最長」「最高」「最大」的紀錄，不斷被寫進世界橋樑和隧道建設史，「中國橋樑」「中國隧道」也成為展示中國形象的新品牌。目前世界上排在前十位的最大跨徑懸索橋和最大跨徑斜拉橋，中國分別佔了五座和六座。港珠澳大橋是世界最長跨海大橋；貴州北盤江大橋是世界最高的大橋。在隧道建設方面，中國也擁有一批世界之最：秦嶺終南山隧道是世界最長的雙洞高速公路隧道；上海長江隧道是世界最大直徑的盾構隧道。

世界十大斜拉橋名單中的中國橋樑

排名	名稱	位置
1	中朝鴨綠江界河公路大橋	遼寧省丹東市－朝鮮新義州市
3	洪鶴大橋磨刀門水道橋	廣東省珠海市
4	洪鶴大橋洪灣水道橋	廣東省珠海市
5	西江大橋	廣東省江門市
6	江順大橋	廣東省江門市－佛山市
7	礐石大橋	廣東省汕頭市

世界十大懸索橋名單中的中國橋樑

排名	名稱	位置
3	武漢楊泗港長江大橋	湖北省武漢市
4	南沙大橋坭洲水道橋	廣東省東莞市－廣州市
5	西堠門大橋	浙江省舟山市，冊子島－金塘島
9	潤揚長江大橋	江蘇省鎮江市－揚州市
10	洞庭湖大橋（杭瑞高速）	湖南省岳陽市

港珠澳大橋

　　港珠澳大橋是中國境內連接粵港澳三地的超大型跨海通道，是「一國兩制」框架下粵港澳三地首次合作共建的項目。大橋全長55公里，橋面為雙向六車道高速公路，設計速度100公里/小時，總投資約1200億元人民幣。大橋於2009年12月開工建設，2018年10月開通營運。

　　港珠澳大橋是世界總體跨度最長的跨海大橋，在技術上創造了多項世界之最，見證了中國工程技術的迅猛發展。大橋的建成，加強了內地與港澳之間的政治經濟文化聯繫，成為內地與港澳便捷的聯繫紐帶。

港珠澳大橋路線圖

大型港口

中國有很多著名港口。寧波舟山港、上海港、天津港、廣州港、青島港、蘇州港、大連港等，都是沿海的重要港口。近年來，中國港口智能化水平明顯提速。2017年投入運營的上海港洋山港區四期全自動化集裝箱碼頭是目前全球規模最大、自動化程度最高的集裝箱碼頭。目前全世界貨櫃吞吐量排名前十的集裝箱港口中，有七個位於中國。2023年，上海港輸送量位居世界第一，寧波港、深圳港、廣州港、青島港、天津港、香港港名列前十。

全世界排名前十大集裝箱港口列表

排名	港口	國家
1	上海港	中國
2	新加坡港	新加坡
3	寧波舟山港	中國
4	深圳港	中國
5	青島港	中國
6	廣州港	中國
7	釜山港	韓國
8	天津港	中國
9	香港港	中國
10	鹿特丹港	荷蘭

通暢的水運

　　中國河流湖泊眾多，內河運輸一直比較發達。改革開放以來，中國內河航道如長江幹線、京杭運河、西江、湘江等相繼得到了全面系統的治理。依託長江黃金水道推動長江經濟帶發展，已經上升為國家重大戰略。長江南京以下12.5米深水航道建設於2018年完工，實現南京至長江出海口全程通航5萬噸級及以上船舶，實現中國黃金水道江海聯運。與此同時，中國加快了長江中游、上游航道的整治工程，長江成為世界上運量最大、航運最繁忙的通航河流。西江界首至重慶段航道整治工程完成，並繼續推進擴能升級工程。京杭運河（浙江段）整治工程也已啟動，將實現千噸級船舶從山東直達杭州。

民用航空

　　新中國的民用航空局成立於1949年，當時的中國民航只有不到30架飛機，而且只有幾條短航線，機場狹小，設施簡陋，主要執行一些臨時性的專機包機任務。經過幾十年的發展，尤其是改革開放之後，中國民航發生了翻天覆地的變化。2017年5月，中國具有完全自主知識產權的新一代大型噴氣式客機C919成功首飛，2019年9月25日，北京大興國際機場正式通航，成為新的世界級航空樞紐。

　　近年來，航空運輸作為中國綜合運輸體系的組成部分，已經發展成為一種大眾化的交通工具。截至2022年，中國境內共有民用航空機場254個（不含香港、澳門、台灣），定期航班通航城市249個（不含香港、澳門、台灣），定期航班航線里程超過1000萬公里；民航服務覆蓋全國88.5%的地級市和76.5%的縣；國際定期航班通航50個國家的77個城市。

城市軌道交通

中國城市軌道交通建設始於20世紀50年代至70年代。改革開放以來，中國城市軌道交通建設飛速發展。上海軌道交通運營里程排名世界第一，北京排名世界第二，成都、廣州、深圳和南京分列第三、六、九、十位。目前，中國城市軌道交通運營里程和在建里程均居世界第一。截至2021年底，中國內地共有50個城市開通城市軌道交通，運營線路283條，總長9206.8公里，其中地鐵運營線路佔比78.3%。

油氣管網

1958年，中國建成了第一條長距離原油管道，1978年，中國油氣管道里程達到8300公里。改革開放之後，中國各大油氣田步入勘探開發高峯，極大地帶動了長距離油氣管道等儲運設施建設。近年來，中國油氣管道建設全面提速。油氣骨幹管網基本構成了「西油東送、北油南運、西氣東輸、北氣南下、緬氣北上、海氣登陸」的格局，對保障中國能源安全，促進經濟社會發展發揮了重要作用。

金融發展

中國已經基本形成由中央銀行調控和監督、國家銀行為主體、政策性銀行與商業性銀行分工、多種金融機構功能互補的金融體系。同時，中國的互聯網金融也呈現快速發展勢頭。

銀行業

銀行業在中國金融業處於主體地位。按照銀行的性質和職能劃分，中國現階段的銀行可分為三類，即中央銀行、商業銀行和政策性銀行。

中國人民銀行行使中央銀行職能，負責管理貨幣政策、貨幣發行和外匯黃金儲備。中國工商銀行、中國銀行、中國農業銀行和中國建設銀行為國有商業銀行。中國農業發展銀行、國家開發銀行、中國進出口銀行曾經是政策性銀行，經過改革，國家開發銀行已明確定位為開發性金融機構，而中國進出口銀行、中國農業發展銀行則進一步明確了政策性銀行的定位。除此之外，中國還有一大批城市商業銀行、城市信用社、農村信用社以及在華營業性外資金融機構。

經過金融機構改革，中國銀行、中國建設銀行、中國工商銀行和中國農業銀行先後完成股份制改造，成功上市。目前，四大國有銀行的市值、盈利能力、資本、品牌、規模以及存款排名均在世界各大銀行中名列前茅。

中國人民銀行（中國央行）

- 起草有關法律和行政法規
- 制定支付結算規則
- 制定和組織實施金融業綜合統計制度
- 監督管理銀行市場
- 管理信貸徵信業
- 確定人民幣匯率政策
- 維護國家金融穩定

中國的銀行

銀行類型		銀行性質	銀行職能	相應的銀行
中央銀行		國務院的組成部門	行使中央銀行職能，負責管理貨幣政策，貨幣發行和外匯黃金儲備。	中國人民銀行
政策性銀行		由政府創立，以貫徹政府的經濟政策為目標，在特定領域開展金融業務的不以營利為目的的專業性金融機構。	不以營利為目的，為貫徹、配合政府社會經濟政策或意圖，在特定的業務領域內，直接或間接地從事政策性融資活動，充當政府發展經濟、促進社會進步、進行宏觀經濟管理的工具。	1994年：國家開發銀行、中國進出口銀行、中國農業發展銀行；2015年3月，國家開發銀行被定位為開發性金融機構，不再屬於政策性銀行。
商業銀行	國有商業銀行（國家直接管控的大型商業銀行）	以金融資產和負債業務為主要經營對象的綜合性、多功能的金融企業，是能夠提供存貸業務的金融機構。	現代經濟活動中具有信用仲介、支付仲介、金融服務、信用創造和調節經濟等職能，並通過這些職能在國民經濟活動中發揮着重要作用。商業銀行的業務活動對全社會的貨幣供給有重要影響，並成為國家實施宏觀經濟政策的重要基礎。	中國工商銀行、中國農業銀行、中國銀行、中國建設銀行、交通銀行、中國郵政儲蓄銀行
	股份制商業銀行（企業法人持股，自主經營、獨立核算，以利潤最大化為經營目的）			招商銀行、浦發銀行、中信銀行、中國光大銀行、華夏銀行、中國民生銀行、廣發銀行、興業銀行、平安銀行、浙商銀行、恒豐銀行、渤海銀行
	地方性商業銀行（業務範圍受地域限制）			城市商業銀行和農村信用合作社、城市信用合作社

貨幣與匯率

人民幣是中國的法定貨幣，由中國人民銀行統一發行和管理。人民幣匯率由中國人民銀行制定，國家外匯管理局對外發佈，並由國家外匯管理局行使外匯管理職權。目前為止，中華人民共和國已經發行五套人民幣，形成了紙幣、金屬幣、普通紀念幣與貴金屬紀念幣等多品種多系列的貨幣體系，現在流通的是第五套人民幣。2015年11月30日，國際貨幣基金組織宣佈正式將人民幣納入IMF特別提款權貨幣籃子，權重為10.92%，決議已於2016年10月1日生效。此外，中國還在進行數字人民幣試點，「十四五」規劃和2035年遠景目標綱要提出，穩妥推進數字貨幣研發。近期，更有十餘個省份將數字人民幣試點納入金融「十四五」規劃。

中國的匯率政策是一貫的和負責任的，中國一直在穩步推進人民幣匯率形成機制改革。中國將按照主動性、可控性、漸進性的原則，完善有管理的浮動匯率制度，更大程度發揮市場供求作用，增強人民幣匯率彈性，保持其在合理均衡水平上的基本穩定。

數字人民幣的試點城市與地區

批次	時間	城市
第一批	2019 年末	深圳、蘇州、雄安新區、成都及 2022 年北京冬奧會場
第二批	2020 年 10 月	上海、海南、長沙、西安、青島、大連
第三批	2022 年 4 月 2 日	天津、重慶、廣州、福州、廈門、浙江省承辦亞運會的 6 個城市（杭州、寧波、溫州、湖州、紹興、金華）；北京市與河北省張家口市在 2022 年北京冬奧會，冬殘奧會結束後轉為試點地區

稅收制度

　　中國境內的稅務系統分為國家稅務局系統和地方稅務局系統。國家稅務局系統分為國家稅務總局、省、地、縣國家稅務局四級；地方稅務局系統按照行政區劃分為省、地、縣三級。目前中國共有增值稅、消費稅、企業所得稅、個人所得稅、資源稅、城鎮土地使用稅、房產稅、城市維護建設稅、耕地佔用稅、土地增值稅、車輛購置稅、車船稅、印花稅、契稅、煙葉稅、關稅、船舶噸稅、固定資產調節稅、環境保護稅等18個稅種。其中16個由稅務部門負責徵收；關稅、船舶噸稅、進出口環節的增值稅和消費稅由海關部門代徵。

中國主要稅種

序號	稅種	類別	納稅人	徵收對象（計稅依據）
1	增值稅	貨物和勞務稅	在中國境內銷售貨物或提供加工、修理修配勞務、銷售服務、無形資產、不動產以及進口貨物的單位和個人	銷售、進口貨物，提供加工、修理修配勞務，銷售服務、無形資產、不動產
2	消費稅		在中國境內生產、委託加工和進口應稅消費品的單位和個人，以及國務院確定的銷售應稅消費品的其他單位和個人	煙酒、小汽車、成品油等15類消費品
3	車輛購置稅	貨物和勞務稅	在中國境內購置應稅車輛的單位和個人	購置汽車、排氣量超過150毫升的摩托車、有軌電車、掛車
4	關稅		進口貨物收貨人，出口貨物發貨人、進境物品的所有人	中國准許進出口的貨物、進境物品
5	企業所得稅	所得稅	在中國境內的企業，包括居民企業和非居民企業	居民企業和非居民企業取得的按照稅法規定計徵的應納稅所得額

序號	稅種	類別	納稅人	徵收對象（計稅依據）
6	個人所得稅	所得稅	**居民納稅人**：在中國境內有住所，或者無住所而一個納稅年度內在中國境內居住累計滿 183 天的個人	從中國境內和境外取得的所得
			非居民納稅人：在中國境內無住所又不居住，或者無住所而一個納稅年度內在中國境內居住累計不滿 183 天的個人	從中國境內取得的所得
7	土地增值稅	財產和行為稅	在中國境內轉讓國有土地使用權、地上的建築物及其附着物並取得收入的單位和個人	轉讓房地產所取得的增值額
8	房產稅		在中國境內城市、縣城、建制鎮和工礦區範圍內房屋的產權所有人	城市、縣城、建制鎮和工礦區範圍內房屋
9	城鎮土地使用稅		在中國境內城市、縣城、建制鎮和工礦區範圍內使用土地的單位和個人	納稅人實際佔用的土地面積
10	耕地佔用稅		在中國境內佔用耕地（包括其他農用地）建築物、構築物或者從事非農業建設的單位或者個人	納稅人實際佔用的耕地（包括其他農用地）面積
11	契稅		在中國境內轉移土地、房屋權屬，承受的單位和個人	成交價格或交換價格差額
12	資源稅		在中國領域及管轄的其他海域開發應稅資源的單位和個人	能源礦產、金屬礦產、非金屬礦產、水氣礦產、鹽及水資源
13	車船稅		在中國境內應稅車輛、船舶的所有人或管理人	車輛和船舶
14	印花稅		在中國境內書立、領受應稅憑證的單位和個人	書立、領受的應稅憑證

序號	稅種	類別	納稅人	徵收對象（計稅依據）
15	城市維護建設稅	財產和行為稅	繳納增值稅、消費稅、營業稅的單位和個人	納稅人實際繳納的增值稅、消費稅和營業稅稅額
16	煙葉稅		在中國境內依照《中華人民共和國煙草專賣法》的規定收購煙葉的單位	納稅人收購煙葉實際支付的價款總額
17	船舶噸稅		自中國境外港口進入境內港口的船舶	船舶
18	環境保護稅		在中華人民共和國領域及中國管轄的其他海域，直接向環境排放應稅污染物的企業事業單位和其他生產經營者。	大氣污染物、水污染物、固體廢物、噪聲等 4 類應稅污染物

證券與保險

1990年和1991年，中國在上海和深圳分別建立了證券交易所。在30多年的時間裏，中國股票市場從小到大，從無序到有序，走過了許多國家需要上百年經歷的路程。對國民而言，儲蓄不再是唯一的理財方式，股市已經成為重要的投資管道之一。如今，上海交易所和深圳交易所已經成為股票市場的龍頭，遍佈全國各地的證券交易和結算網絡系統，實現了無紙化發行與交易，主要技術手段已達到世界先進水平。

中國保險業在經歷了20世紀60年代的停頓之後，於1980年開始恢復，多家保險公司相繼成立。恢復國內保險業務之後，一些外國保險公司開始在中國設立代表處。2001年中國加入世貿組織後，嚴格履行保險業務對外開放承諾，保險業全面開放，由保險公司、保險中介、再保險公司等市場主體組成的統一開放、競爭有序、充滿活力的保險市場體系逐步建立。改革開放以來，中國保險業迅速發展，保險機構數量從1979年恢復之初的1家增加到2022年的237家，已形成較為完善的保險市場體系。目前，中國保險市場規模排名世界第二位，成為全球最重要的新興保險市場大國。

旅遊經濟

旅遊市場

　　隨着國家整體經濟水平的提升和人民生活水平的提高，中國的旅遊市場發展迅速，如今，中國已經成為世界第一大國際旅遊消費國、世界第四大旅遊目的地國家。無論是出遊規模還是出遊人次，都標誌着中國已經進入大眾旅遊時代，旅遊休閒已經成為普通中國人日常生活的重要組成部分。

　　中國的民航、鐵路、公路、內河及海洋客運，都為旅遊者提供了交通便利。隨着旅遊接待設施和條件的完善，星級飯店、旅行社、旅遊景區等旅遊產業結構趨向合理化和高級化。中國現有旅行社數量超過四萬家，其中一部分是國際旅行社。旅行社可以承攬境外遊客在華旅遊業務，也可以承攬中國居民赴境外旅遊業務。2003年開始，中國政府允許設立外商控股、外商獨資旅行社，目前中國已有多家外商控股或外商獨資旅行社。

文化藝術篇

中國名片

華夏文明是世界最古老的文明之一，也是迄今為止唯一沒有間斷的文明。中國文化內涵豐富，底蘊深厚。獨特的歷史傳統，孕育了中華民族與眾不同的文化精神。中國傳統思想文化自成體系，有着獨具特色的品格與精神。中國的文字、建築、陶瓷、戲曲、繪畫、茶瓷同樣傳承着這些品格和精神，並在各自的領域進一步發展。中國古代哲學中的「中和之美」、「天人合一」等觀念，深深影響着藝術的審美與意境，使得中華民族的文化藝術呈現出不同於其他任何地方的獨特色彩。

漢字文化

漢字是中國的通用文字，也是世界上最古老的文字之一。漢字屬於象形文字，從圖畫、符號發展到漢字定型，經歷了漫長的變化。根據現存古代文獻和已經確認的考古發現，漢字至少有五千年的歷史，而漢字起源的歷史，也就是中國古代文明的歷史開端。漢字的數量非常多，常用字大約3500個。

漢字可分為簡體與繁體兩個系統，前者用於中國大陸地區、馬來西亞與新加坡以及東南亞華人社區；後者主要用於中國香港、澳門和台灣地區以及北美的華人圈。

甲骨文和金文

甲骨文是刻在龜甲獸骨上的古老文字。商代王室迷信鬼神，常常用龜甲獸骨占卜吉凶，並把相關內容在甲骨上記錄下來。這些刻有卜辭的甲骨被作為檔案保存下來。後來，在殷商時期的都城遺址中，人們發掘出了很多這種刻有文字的甲骨，這是20世紀重大的考古發現之一。甲骨文記載了3000多年前中國社會政治、經濟、文化等各方面的資料，是現存最早最珍貴的歷史文物。

金文是鑄造在殷商與周朝青銅器上的銘文。當時青銅冶煉和銅器製造技術十分發達，周朝把銅稱作金，所以銅器上的銘文也稱作「金文」。金文記載了當時的祀典、賜命、詔書、征戰、圍獵等活動或事件，反映了當時的社會生活，是研究先秦文字和歷史的珍貴資料。

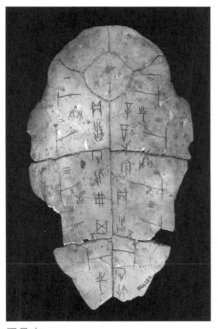

甲骨文

金文

書法藝術

　　書法是中國傳統的漢字書寫藝術。經過千百年的創作和發展，已經成為獨特的藝術形式。常見的書法字體有篆書、隸書、楷書、草書和行書。篆書是秦代的代表字體；隸書是漢代通行字體；楷書由隸書發展而來；草書是隸書和楷書的快寫體；行書是介於楷書和草書之間的字體，它既不像楷書那麼工整，也不像草書那麼難認，是一種最常見、最方便的手寫體。書法的書寫工具，被人們稱為「文房四寶」，包括筆、墨、紙、硯。

　　中國歷史上出現了許多著名書法家，如王羲之、歐陽詢、顏真卿、柳公權、趙孟頫等。他們經過多年創作，形成了不同的風格和流派，代表了中國書法藝術的高度成就。

篆書 — 李斯嶧山刻石

隸書 — 禮器碑

草書 — 張旭《古詩四帖》

行書 — 褚遂良摹《蘭亭序》

楷書 — 顏真卿《多寶塔碑》

「文房四寶」—— 筆、墨、紙、硯

中國畫

　　中國畫又叫國畫。中國畫不同於西方的油畫,有獨特的表現形式。中國畫用毛筆、墨及顏料,在宣紙或絹上作畫。最早的繪畫和寫字使用同樣的工具,而且繪畫和書法都以線條表現為主,因此有「書畫同源」的説法。中國傳統繪畫作品一般都有題詩或題字,並蓋上印章,詩、書、畫、印結合成一個藝術整體,美學內涵豐厚。

　　中國畫按內容分,主要有人物畫、山水畫和花鳥畫三大類。歷代著名人物畫家有顧愷之、吳道子等,山水畫家有李思訓、范寬等,花鳥畫家有鄭燮、齊白石等。中國畫的技法,主要有工筆和寫意兩種。

絲綢文化與「絲綢之路」

中國是最早生產絲綢的國家。傳說是黃帝的妻子嫘祖發明了養蠶、繅絲和織綢的技術。古代中國人通過巧妙的工序，從自然材料中提煉出蠶絲，織成優雅華美的絲綢。考古學家認為，中國的桑蠶絲技術，至少有4000多年的歷史。中國古代絲綢品種非常豐富，絲綢很早就成了宮廷貴族的衣料和對外貿易的重要商品。2000多年前，漢代外交家張騫打通了著名的「陸上絲綢之路」，從那時起，中國絲綢被源源不斷地輸往西亞和歐洲各國，成為古老中國的獨特名片。

海上絲綢之路於1913年由法國的東方學家沙畹首次提及，是已知最為古老的海上航線。中國海上絲路分為東海航線和南海航線兩條線路，以南海為中心。南海航線起點主要是廣州和泉州。唐代的「廣州通海夷道」，是中國「海上絲綢之路」的最早叫法，是當時世界上最長的遠洋航線。明朝鄭和下西洋標誌着海上絲路達到鼎盛。南海絲路從中國經中南半島和南海諸國，穿過印度洋，進入紅海，抵達東非和歐洲，途經100多個國家和地區，成為中國與外國貿易往來和文化交流的海上大通道，並推動了沿線各國的共同發展。東海航線是直通遼東半島、朝鮮半島、日本列島直至東南亞的貿易通道。中國境內海上絲綢之路以廣州、泉州、寧波三地為核心，香港等地也多有文物發掘。2021年7月25日，「泉州：宋元中國的世界海洋商貿中心」文化遺產項目，在福建福州舉行的第44屆世界遺產大會上成功入選聯合國教科文組織世遺名錄。

中國絲綢既有獨特魅力，也有濃郁的文化內涵。在漢語中，有近百個和「絲」相關的成語。作為「絲綢之路」的主角，絲綢產品及其技術和藝術被傳播到世界各地，為東西方文明互建做出了卓越貢獻。

2013年9月和10月，中國國家主席習近平分別提出建設「絲綢之路經濟帶」和「21世紀海上絲綢之路」的合作倡議，這二者合併的簡稱即是「一帶一路」（The Belt and Road）。2015年3月28日，國家發展改革委、外交部、商務部聯合發佈了《推動共建絲綢之路經濟帶和21世紀海上絲綢之路的願景與行動》。截至2023年6月，中國已經與150多個國家和32個國際組織簽署230多份共建「一帶一路」合作文件。

　　「一帶一路」借用古代「絲綢之路」的歷史符號,致力於亞歐非大陸及附近海洋的互聯互通,建立和加強沿線各國互聯互通伙伴關係,構建全方位、多層次、複合型的互聯互通網絡,實現沿線各國多元、自主、平衡、可持續的發展。「一帶一路」的互聯互通項目將推動沿線各國發展戰略的對接與耦合,發掘區域內市場的潛力,促進投資和消費,創造需求和就業,增進沿線各國人民的人文交流與文明互鑒,讓各國人民相逢相知、互信互敬,共享和諧、安寧、富裕的生活。

「一帶一路」示意圖

荷蘭　德國
俄羅斯
意大利
哈薩克斯坦　烏魯木齊
吉爾吉斯斯坦　蘭州
希臘　　　　　　　　　　　　　　西安
土耳其　　烏茲別克斯坦
伊朗　塔吉克斯坦
廣州　福州
北海　　泉州
印度　　　　　湛江
越南　　海口
斯里蘭卡
馬來西亞
肯尼亞
印度尼西亞

―――――　絲綢之路經濟帶

- - - - - - -　21世紀海上絲綢之路

中國茶

　　中國是茶樹的故鄉。茶是中國人生活中的必需品。中國人喜歡喝茶，也常常用茶來招待客人。古代中國人發現茶樹之後，最初是把茶葉作為藥用的，後來才當作飲料。中國茶按照製作方法分類，可分為綠茶、紅茶、黑茶、烏龍茶、花茶等。各類茶中又包括許多品種。綠茶嫩綠鮮豔，是未經發酵的茶，西湖龍井、碧螺春、黃山毛峯、六安瓜片等，都是著名的綠茶品種。紅茶是經過發酵的茶，祁門紅茶、滇紅茶都很有名。黑茶是後發酵茶，是中國特有

中國茶壺

的茶類，最有名的黑茶是雲南的普洱茶。烏龍茶是半發酵的茶，武夷岩茶是上好的烏龍茶。花茶也是中國獨有的茶類，是在茶葉中加入鮮花熏製而成的，最有名的花茶是茉莉花茶。

　　中國茶歷史悠久，在飲茶品茶的過程中，中國人也創造了源遠流長的茶文化。唐代陸羽的《茶經》是世界最早的一部茶葉專著，被譽為「茶葉百科全書」。茶對健康有益，又可陶冶情操。對於中國人來說，品茶是富有雅趣的，而坐茶館則是一種社會羣體性的活動。

酒文化

　　中國是世界上釀酒最早的國家之一，在中國，酒的釀造已有數千年的歷史。在距今4000多年前的二里頭文化遺址，考古人員曾經發現過盛酒的陶器。可見，在那個時候，飲酒在人們的生活中已經成為一項重要的內容。現在中國酒有白酒、黃酒、紅酒等許多類型，茅台、五糧液、汾酒、竹葉青、瀘州老窖、古井貢酒、加飯酒、張裕葡萄酒、長城乾紅葡萄酒等，都是享譽世界的名酒。

　　對於中國人來說，酒不僅是一種飲品，更是一種文化載體。中國人認為，酒能舒筋活血、疏通經脈，具有保健養生的作用，而且，酒也是表達心意、寄託情感的媒介。中國是禮儀之邦，古代飲酒的器具非常精美，飲酒的禮儀更是講究，主人客人的座位，敬酒的順序，都是不能亂的。在經濟繁榮的朝代，酒更是激發了文人墨客創作的靈感，與酒有關的詩詞、音樂、書法、繪畫等作

品，也對酒文化產生了促進作用。古人飲酒時為了增加熱鬧的氣氛，有時還會行酒令。酒令分為俗令和雅令兩種。猜拳是俗令的代表，雅令即文字令，通常在有文化的讀書人中流行。隨着時代的變遷，中國的酒文化如今已經逐漸演變成中國特有的社會風俗和社交文化。

飲食文化

中國的飲食文化博大精深。中國地域遼闊，各地的氣候、特產和生活習慣都不一樣，人們的口味也各不相同，於是就形成了各具地方風味特色的菜系。川菜、湘菜、粵菜、閩菜、蘇菜、浙菜、徽菜和魯菜被稱為中國的「八大菜系」。

中國飲食有着濃厚的文化底蘊，中國傳統文化中的陰陽五行哲學思想、儒家倫理道德觀念、中醫養生學説，還有傳統的審美風尚，都對飲食文化有着很大的影響。

中國飲食講究四季有別，一年四季，按時令選取食材，按季節調味配菜。中國烹飪不僅技術精湛，而且講究菜餚和食器的美感，注意食物色、香、味、形、器的協調一致。同時，中國的飲食烹飪還注重品味情趣，除了色、香、味之外，對菜餚的命名、進餐的節奏等都有一定的要求。此外，中國飲食還講究「食醫結合」。中國的烹飪與醫療保健一直有着密切的聯繫，很早就有「醫食同源」和「藥膳同功」的説法。

中國瓷器

在英文中，瓷器（china）與中國（China）同為一詞。西方人很早就把中國與瓷器聯繫在了一起，這是因為製瓷技術是中國人發明的。

中國的原始瓷器起源於距今3000多年前。東漢以後，製瓷技術發展很快，各個歷史時期都出現了別具特色的名窯和名瓷品種，有汝、官、哥、鈞、定五大名窯的説法。唐代的越窯青瓷、邢窯白瓷，宋代的定窯白瓷、鈞窯鈞瓷、龍泉窯青瓷，都是瓷器中的無價之寶。元代以後，江西的製瓷業迅速發展，景德鎮很快成為中國的「瓷都」，那裏生產的青花瓷也成為中國瓷器的代表。

中國瓷器不僅是精美的日用品，也是珍貴的藝術品。自漢唐以來，中國瓷器就被大量銷往國外，中國的製瓷技術也逐漸傳遍世界各地。

中國功夫

功夫，又稱中國功夫，是清末以後西方人給予中國傳統武術的別稱。傳統武術是中華民族寶貴的文化遺產，是一種特殊的文化形態。它以攻防搏擊為表現形式，以豐富的套路、招式和功法為具體內容，講究剛柔並濟，內外兼修，既有剛健雄美的外形，更有典雅深邃的內涵，蘊含着先哲們對生命和宇宙的參悟。

武術源於遠古人類與野獸的搏鬥和部落之間的戰爭。春秋時期已經出現了定期的比武大會，到了漢代，武術有了長足的發展。宋元時期，武術發展形成了一定的規模體系。明清兩代是中國武術發展的重要時期，全國範圍內已形成了諸多風格不同的武術流派，十八般武藝有了具體的名稱和內容。中國武術門派、套路眾多，按運動形式，大致可分為功法運動、套路運動和搏鬥對抗運動三大類。

中國武術浸潤着民族的性格氣質，蘊含着中華民族對搏擊之道的獨特理解。它不同於崇尚剛猛的歐美拳擊，也不同於同屬亞洲的空手道或泰拳。中國武術不是單純的拳腳運動，也不是力氣與技法的簡單結合。它以技擊為中心，以強身自衛為目的，拳腳招法外猛而內和，外動而內靜，外放而內斂，並非一味逞強爭勝。

藝術結晶

建築藝術

中國地域廣大，不同地方的建築藝術風格存在很多差異，但總體來看，中國傳統建築在組羣佈局、空間、結構、建築材料及裝飾藝術等方面，還是有着很多明顯區別於西方的共同特點。中國古建築以木結構為主，以磚、瓦、石為輔，其木構架結構，由立柱、橫樑（即順檁）等主要構件組成，各構件之間的結點用榫卯相結合。從建築類別上來說，中國古建築包括皇家宮殿、寺廟殿堂、宅居廳室、陵寢墓葬及園林建築等。其中宮殿、寺廟、陵墓等都採用相近的建築形式與總體佈局方式，以一條中軸線將一個個封閉的院落貫束起來，表現出嚴謹含蓄的民族氣質。

在中國古代，儒家思想以「禮」為基本框架，也就是以制度規範各類等級，這種思想同樣滲透在建築之中。古代建築的類型、規模大小、裝飾的樣式、色彩、質地等，都要服從建築的社會功能。近代以後，在西方文化的影響下，中國建築也發生了巨大的變化，出現了很多中西合璧的公共建築。

詩詞國度

中國被稱為詩詞的國度，從最早的詩歌總集《詩經》開始，中國歷代都有優秀的詩歌作品傳世。唐詩、宋詞更是中國古典詩詞發展的高峯，成為中國古代文學的傑出代表。

唐代詩人輩出，佳作數不勝數。雖然後世詩人也創作出很多優秀詩作，但就整體成就而言，唐詩的成就是後人很難企及的。唐詩的形式多種多樣，它不僅繼承了漢魏民歌、樂府和前代的古詩傳統，並且擴展了五言、七言形式的運用，發展為敍事言情的長篇巨制，還創造了整齊優美的近體詩。唐代著名的詩人有李白、杜甫、白居易、王維、孟浩然、李賀、李商隱等。

宋代最有特色的文學體裁是號稱「長短句」的詞。詞也是古典詩歌的一種，它的產生、發展以及創作、流傳都與音樂有直接關係。因為可以配樂歌唱，所以也叫曲子詞。詞有很多詞牌，這些詞牌有固定的格式與聲律，如「西江月」、「念奴嬌」、「如夢令」等。在宋代，詞的創作進入鼎盛時期，名篇佳作層出不窮。宋詞代表了宋代文學的最高成就，它和唐詩一樣，在中國文學史上佔有重要地位。宋代著名的詞人有蘇軾、李清照、陸游、辛棄疾等。

中國戲曲

　　戲曲是中國傳統戲劇形式的總稱。中國戲曲起源於原始歌舞，是一種歷史悠久的綜合舞台藝術樣式，由文學、音樂、舞蹈、美術、武術、雜技以及表演藝術綜合而成，經過漢、唐到宋、金，才形成比較完整的戲曲藝術。作為戲劇藝術的組成部分，中國戲曲既具有戲劇的共同特徵，又因其獨特的表現手段和獨有的審美特徵而有別於其他戲劇形式。

　　古典戲曲是中國傳統文化的集中體現。作為長期農業社會的產物，中國戲曲深受儒家文化、民俗文化乃至宗教文化的深刻影響，與此同時，又深刻地折射出中國傳統藝術精神與美學追求。中國戲曲具有高度的綜合性、程式化和虛擬性，將表現審美意境作為最高的藝術追求，具有鮮明的民族特色，在世界戲劇藝術中獨樹一幟。

　　據不完全統計，中國各地的戲曲劇種共有三百多個，其中包括全國性的劇種，如京劇，也包括地方戲如川劇、秦腔、河北梆子等。戲曲最顯著、最獨特的藝術特點就是「曲」，也就是音樂和唱腔。四川川劇、浙江越劇、廣東粵劇、河南豫劇、陝西秦腔、山東呂劇、河北評劇、江蘇崑劇等地方戲曲最大的差別，就在於聲腔、音樂旋律和唱唸上的地方語言差異。

社會風俗

民間文化

年畫

人們在春節的時候，常常在家裏貼上年畫，來表達自己對美好生活的期望。年畫始於古代的「門神畫」，屬於民間藝術，歷史悠久，天津楊柳青、開封朱仙鎮、蘇州桃花塢的年畫都非常有名。

剪紙

剪紙是用剪刀或刻刀在紙上剪刻花紋的民間藝術。中國剪紙大約有2000多年的歷史，具有廣泛的羣眾基礎，逢年過節或家有喜事的時候，人們常常用剪紙來做裝飾。中國剪紙自誕生以來，歷史從未中斷，一直活躍於各種民俗活動中。

風箏

風箏也叫紙鳶，已有2000多年的歷史，中國是風箏的故鄉。東周春秋時期，風箏已經出現，南北朝時，風箏成為傳遞信息的工具；隋唐時期，伴隨造紙業的繁榮，民間開始用紙來裱糊風箏；到了宋代，放風箏成為人們最喜愛的戶外活動之一。傳統的中國風箏品種樣式很多，上面常常可以看到各種吉祥圖案。

刺繡

刺繡是中國傳統的手工工藝品，已經有3000多年的歷史。刺繡可以用來做服裝等生活用品的裝飾，也可成為華貴的藝術品和陳設品。江蘇的蘇繡、湖南的湘繡、廣東的粵繡和四川的蜀繡是中國的「四大名繡」。

生活習俗

生活習俗是民族文化的積澱。中華文化歷史悠久，而且沒有發生重大的文化斷層，因此習俗保留得比較完整。中國地域遼闊，民族眾多，不同地區和民族的生活習俗各不相同，但是中國人對各類文化相容並蓄，很多外來文化進入之後，也逐漸演化成了中國人的新習俗。

衣食住行

古代中國人的衣食住行，有着深刻的文化內涵。當時的百姓被稱為布衣，很多服飾和顏色都是皇家獨享的，比如黃色和龍的圖案。同樣，在佩飾、居家、車馬、食器等方面，不同級別的官員也都有對應的獨特文化符號，不僅不同於普通百姓，官員之間也有明顯的等級差別。

婚喪嫁娶

婚禮和葬禮都是人生中的大事，中國人常常將結婚、做壽和給高壽的人辦喪事合稱為「紅白喜事」。傳統的中式婚禮熱鬧喜慶，禮節周全，有新娘坐花轎、新人拜堂等儀式。中國傳統的葬禮也有報喪、入殮等一系列儀式。如今，無論是婚禮還是葬禮，這些傳統儀式都很少見了。現代婚禮往往結合中國傳統習俗和西方文化的元素，程序與過去不同，但依然盛大隆重。

傳統節日

中國有很多獨具特色的傳統節日。這些傳統節日是民間文化生活的重要組成部分。

春節

春節在農曆正月初一，是中國的農曆新年，也是一年中最重要的一個節日。春節的前夜叫除夕。這一天，全家人要聚在一起吃年夜飯。寫揮春、除夕守歲、拜年，都是春節時最重要的年俗。

元宵節

農曆正月十五是中國傳統的元宵節，又叫上元節。中國人有在元宵節賞燈的習俗，也就是「正月十五鬧花燈」。元宵賞燈，還伴隨着一項傳統的遊戲 —— 猜燈謎。燈謎是中國特有的文字遊戲。

清明節

清明既是節氣，也是民俗大節，時間在公曆4月5日前後。這個季節正是春暖花開的時候，人們有祭祖掃墓和踏青插柳的習俗。

端午節

端午節在農曆五月初五，傳說是為了紀念古代詩人屈原而設的節日。在這一天，人們的節慶活動主要有賽龍舟、吃粽子、插艾葉、佩香囊等。

中秋節

中秋節在農曆八月十五，這一天是月圓之夜，所以中秋節也被看作團圓節。在中國，中秋節是僅次於春節的第二大傳統節日，節慶活動主要有賞月、吃月餅等。

少數民族節日

中國是統一的多民族國家，每個民族都有悠久的歷史和獨特的文化。由於歷史文化傳統和宗教信仰不同，中國的各個少數民族形成了眾多的民族節日，這些節日都具有濃郁的民族色彩，如藏族的藏曆新年、雪頓節，回族和維吾爾族等民族的開齋節、古爾邦節，蒙古族的那達慕，傣族的潑水節，彝族的火把節等。

藏曆新年

藏曆是在公元1027年開始正式使用的。藏曆新年是藏族人一年中最為隆重的節日，與漢族春節時間接近，從藏曆元月一日開始，到十五日結束。因為藏族全民信仰佛教，所以節日活動也具有濃厚的宗教氣氛。

開齋節

開齋節是伊斯蘭教的主要節日之一，也是中國的回族、維吾爾、哈薩克等信仰伊斯蘭教的少數民族的盛大節日。伊斯蘭教曆的每年9月為齋月，白天戒絕飲食，封齋一個月後，10月1日開齋。這一天，人們要聚集在清真寺禮拜，然後開始節日的歡慶活動。伊斯蘭教曆與公曆時間不同，開齋節一般比公曆延後十天左右。

那達慕大會

那達慕是蒙古族喜慶豐收的節日聚會，是蒙古族重要的傳統節日，以摔跤、射箭、賽馬、歌舞等娛樂遊藝項目為主要內容，如今已經發展成為集體育競技、娛樂活動、經貿交流於一體的盛會。那達慕大會一般在每年夏末秋初舉行。

宗教信仰

尊重和保護宗教信仰自由是中國政府對待宗教的基本政策。

中國主要有佛教、道教、伊斯蘭教、天主教和基督教等宗教，信教公民近2億，宗教教職人員38萬餘人，宗教團體約5500個，依法登記的宗教活動場所14.4萬處，宗教院校92所。此外，中國還存在多種民間信仰，與當地傳統文化和風俗習慣結合在一起。在中國，各宗教地位平等，和諧共處，信仰宗教與不信仰宗教的公民彼此尊重、團結和睦。

佛教是中國最大的宗教，目前，中國有佛教寺院1.3萬座，僧尼約20萬人。道教是中國本土宗教，中國現有道教宮觀1500餘座，道士約2.5萬人。伊斯蘭教主要分佈在中國的10個少數民族當中，這10個民族的人口總數約為2000萬。中國的天主教教堂、會所約有5600處，信徒約600萬人；基督教教堂近50000所，信徒3800多萬人。

文化傳媒

廣播電視

　　中央人民廣播電台是覆蓋全國的廣播電台。中國國際廣播電台是中國唯一對外廣播的國家電台，用外語、漢語普通話、漢語方言和少數民族語言等65種語言向全世界各地播出。

　　中央電視台（簡稱CCTV）是國家電視台，是全球唯一的一個每天用6種聯合國工作語言進行轉播的電視媒體。目前，中央電視台的節目信號經衛星傳送，已經覆蓋全球。被稱作「視頻網站國家隊」的中國網絡電視台（簡稱CNTV）2009年12月正式開播。CNTV彙集全國電視機構每天播出的1000多個小時的視頻節目，同時，將中國各個領域優秀的歷史文化資料進行影像化、數字化保存，建立中國規模最大的以網絡視頻為核心的多媒體資料庫，已覆蓋全球210多個國家及地區的互聯網使用者。

　　如今，中國的廣播電視發展已經融入國家新發展格局，開始數字化、網絡化、智能化轉型提速。5G、4K、融媒體雲平台等新技術的應用，表明中國的智能廣電產業已經有了高品質的創新發展。

出版產業

　　出版產業包括生產圖書、期刊、音像製品、電子出版物等多種傳播媒介的信息產業，是以知識、信息為主體元素的特殊產業，具有文化積累和思想傳播的重要功能。新中國成立以來，中國的出版業取得了巨大的成就，尤其是改革開放以來，出版業的成就更是引人注目。1950年，全國共有圖書出版社211家，當年出版圖書12153種；2020年，全國的出版社數量已經達到586家，當年的新版書籍出版數量為213636種。期刊品種由1978年的600餘種增加到2020年的10192種，報紙品種由1978年的200種增至2020年的1810種。中國出版業已經實現了由單一媒介到多樣化媒介的歷史性轉變，基本滿足了人們多方面、多層次的精神需求，同時，出版產業也為國家的經濟發展做出了重要貢獻。電腦網絡和手機等新媒體技術的興起，為中國數字出版的迅速發展提供了良好的產業環境，以電子書為代表的數字出版產品在中國已經擁有廣泛的讀者和市場。

新媒體

新媒體是利用數字技術和網絡技術，通過互聯網、無線通訊網、衛星等渠道以及電腦、手機、數字電視機等終端，向使用者提供信息和服務的傳播形態。目前，中國已成為移動互聯網大國。根據工信部2022年通信業統計公報，截至2022年底，中國移動電話用戶規模為16.38億戶，其中5G移動電話用戶達到5.61億戶。移動互聯網用戶為11.74億。在這種大前提下，自媒體發展迅速，媒體融合轉型加快，直播和短視頻處於快速成長期。隨着微傳播、移動傳播成為主流信息傳播方式，媒體融合不斷深入，新傳播技術不斷更迭。這些新技術賦予傳統文化源源不斷的生機與活力，網絡文學閱讀、數字出版、影視作品、相關遊戲等文化產品產業鏈成熟發展，

新媒體對政務改革也有很大的影響。隨着政務新媒體建設的不斷優化，政務資源實現了有序共用，社會資源得到合理利用，互聯網平台做到有效協同，公眾的參與性也大大提高，多元共治的數字治理模式已經逐漸形成。在政策傳導、信息採集、知識科普、公共服務、資料分析、輔助調度等方面，新媒體都為政務服務提供了有效的幫助。

新媒體類型

網絡新媒體	搜索引擎、網絡視頻、播客、RSS、網絡社交平台等
移動新媒體	手機、平板電腦等移動裝置內的 Podcast、多媒體短信等
數字電視媒體	數碼電視
戶外新媒體	公交（巴士、地鐵等）電視、大型 LED 屏

何為新媒體

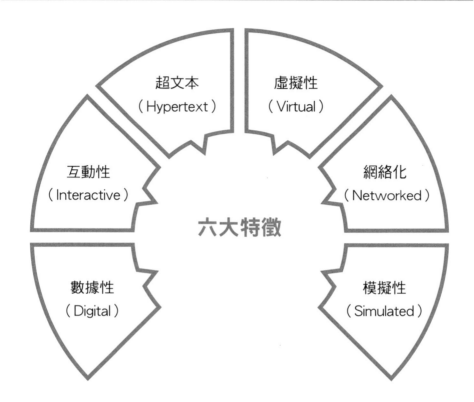

超文本
（Hypertext）

虛擬性
（Virtual）

互動性
（Interactive）

網絡化
（Networked）

六大特徵

數據性
（Digital）

模擬性
（Simulated）

電影產業

電影產業與其他物質生產領域不同，不僅擁有經濟屬性，還擁有社會文化屬性。近年來，中國已經成為世界第二大電影消費大國，電影產業飛速發展。中國電影產業的收入來源主要包括電影票房收入、出售電視電影頻道播放權收入、廣告收入、衍生品開發收入、網絡版權收入等幾個方面，其中電影票房是主要收入來源，而票房收入在電影產業鏈中採取的是分賬制，就是製片方、院線和影院之間對電影票房收入按比例分成。

從電影消費市場來看，中國的電影發展經歷了不同的變化。20世紀80年代，中國曾經出現過電影創作的高潮，當時出現的現實題材電影在風格、樣式及電影語言的探索方面都有相當高的水平。張藝謀、陳凱歌、黃建新等導演也令國際影壇矚目。進入21世紀以來，中國電影的題材範圍逐步擴大，新技術的應用也越來越成熟。

博物館

中國現代博物館出現於20世紀初。改革開放之前，中國博物館數量大約為350個。改革開放以來，博物館事業蓬勃發展，博物館數量增多，品質提高，功能不斷完善。目前，中國已經形成以國家級博物館為龍頭，一二三級博物館和重點行業博物館為骨幹，國有博物館為主體，民辦博物館為補充的博物館體系。截至2023年上半年，全國博物館數量為6565家，其中大多數都免費向公眾開放。類型豐富、主體多元的現代博物館體系基本形成。

博物館按收藏分類可分為綜合博物館、考古博物館、藝術博物館、歷史博物館、民族博物館等；按管理分類可以分為政府博物館、地方博物館、大學博物館等。目前國內的博物館以綜合性博物館和歷史類博物館為主。比較著名的博物館有中國國家博物館、北京故宮博物院、上海博物館、陝西歷史博物館、南京博物院等。

在科技迅猛發展的今天，智能化、數字化、視覺化技術被越來越多地運用於博物館，給觀眾帶來互動式、體驗式的展示方式。同時，依託數字網絡和融媒體技術，以雲共用、雲展覽的方式，多維度展示傳播文化遺產，也給博物館事業帶來了新的活力。

教育篇

中國教育

教育理念

　　中國古代教育家很早就認識到，教育系統是整個社會系統的一個子系統，許多教育問題實質上是社會問題，而教育問題的解決，又必然促進整個社會的發展進步。基於這種思想，中國傳統教育重視道德教育和道德培養，注重氣節與操守，強調責任感與使命感；倡導不問安危榮辱而以天下為己任的寬廣胸懷。這種傳統教育思想在現代教育中有了進一步發展，如注重以人為本，注重全面發展，注重素質教育，注重創造性、個性化等。

　　2019年，中共中央、國務院印發了《中國教育現代化2035》，這是中國第一個以教育現代化為主題的中長期戰略規劃，勾畫了中國教育現代化的願景，明確了教育現代化的戰略目標、戰略任務和實施路徑，其中提出了推進教育現代化的八大基本理念：更加注重以德為先，更加注重全面發展，更加注重面向人人，更加注重終身學習，更加注重因材施教，更加注重知行合一，更加注重融合發展，更加注重共建共用。這些理念，符合中國獨特的文化和國情，遵循了教育規律和人才成長規律，也順應了國際教育發展趨勢。

教育改革

　　中共十一屆三中全會確立了改革開放的基本國策，在這個大背景下，中國教育的改革與發展也取得了舉世矚目的成績。1985年，《中共中央關於教育體制改革的決定》發佈，《決定》指出，要從根本上改變我國教育事業的落後狀況和教育體制的弊端，有系統地進行改革。1993年，中共中央、國務院發佈《中國教育改革和發展綱要》，確定了中國教育發展的總目標，提出教育體制改革要採取綜合配套、分步推進的方針。2010年，國務院辦公廳印發《關於開展國家教育體制改革試點的通知》，標誌着國家教育體制改革工作全面啟動。經過一系列改革實踐，中國已經初步建立與社會主義市場經濟體制相適應的教育新體制。截至2022年底，全國共有各級各類學校51.85萬所，在校生2.93億人，新增勞動力平均受教育年限14年。

中國教育現代化 2035

推進教育現代化總體目標

2020 年

經過 15 年努力

2035 年

1. 全面實現「十三五」發展目標；

2. 教育總體實力和國際影響力顯著增強；

3. 勞動年齡人口平均受教育年限明顯增加；

4. 教育現代化取得重要進展，為全面建成小康社會做出重要貢獻。

總體實現教育現代化，邁入教育強國行列，推動我國成為學習大國、人力資源強國和人才強國，為到本世紀中葉建成富強民主文明和諧美麗的社會主義現代化強國奠定堅實基礎。

　　2035年主要發展目標：建成服務全民終身學習的現代教育體系、普及有品質的學前教育、實現優質均衡的義務教育、全面普及高中階段教育、職業教育服務能力顯著提升、高等教育競爭力明顯提升、殘疾兒童少年享有適合的教育、形成全社會共同參與的教育治理新格局。

社會主義核心價值觀

　　社會主義核心價值觀是社會主義核心價值體系的內核，是當代中國精神的集中體現。2012年的中共十八大報告從三個層面高度概括了社會主義核心價值觀。在國家層面宣導富強、民主、文明、和諧，在社會層面宣導自由、平等、公正、法治，在公民層面宣導愛國、敬業、誠信、友善，積極培育和踐行社會主義核心價值觀。社會主義核心價值觀把涉及國家、社會、公民的價值要求融為一體，體現了社會主義本質要求。2017年中共十九大對培育和踐行社會主義核心價值觀提出明確要求：要以培養擔當民族復興大任的時代新人為着眼點，強化教育引導、實踐養成、制度保障，發揮社會主義核心價值觀對國民教育、精神文明創建、精神文化產品創作生產傳播的引領作用，把社會主義核心價值觀融入社會發展各方面，轉化為人們的情感認同和行為習慣。

教育體系

　　中國的教育體系包括基礎教育、職業技術教育、普通高等教育和成人教育幾個組成部分。在基礎教育階段，中國實行九年免費義務教育，包括小學階段教育和初中階段教育。九年義務教育是中國教育的基礎，包括了小學教育階段和初中教育階段。2022年，全國共有義務教育階段學校20.16萬所。義務教育階段在校生1.59億人，專任教師1065.46萬人，九年義務教育鞏固率達到95.5%。

　　特殊教育、繼續教育也進一步完善，接受正規學歷教育的女學生及少數民族學生的比例，與人口自然比大體相當。自新中國成立以來，中國政府一直重視教育的發展，並頒佈一系列法規，保護不同羣體的公民受教育的權利，尤其是保護婦女兒童、少數民族和殘疾人受教育的權利。

中國教育體系

學歷教育

| 中等職業教育 → 專科職業教育 |

義務教育

學前教育　→　小學教育　→　初中教育　→　高中教育　→　大學教育
幼兒園　　　　　　　　K12　　　　　　　　高等教育

0-3歲　　3-6歲　　6-15歲　　15-18歲　　18歲以上

非學歷教育

幼兒園至K12課外輔導　　高等教育類輔導

早教及幼教服務　　職業培訓

高等非學歷類教育

語言類培訓

音樂、體育、藝術、STEAM等素質教育

在線教育

學前教育

　　學前教育指的是3-6歲兒童的教育，也就是人們常說的幼稚園階段的教育。學前教育是新時期中國教育發展最快的一個部分。國家對學前教育一直給予高度關注。十八大以來，中國的學前教育實現了歷史性跨越，取得了歷史性成就，學前教育服務能力有了很大提高。根據2022年教育部發佈的《全國教育事業發展統計公報》，全國共有幼稚園28.92萬所，其中普惠性幼稚園24.57萬所，佔全國幼稚園的比例84.96%。學前教育在園幼兒4627.55萬人，普惠性幼稚園在園幼兒4144.05萬人，佔全國在園幼兒的比例89.55%。學前教育毛入園率89.7%，學前教育專任教師324.42萬人，專任教師中專科以上學歷比例90.30%。

小學教育

　　小學教育是基礎教育，教育對象一般為6-11歲的兒童。

　　中國政府一貫重視小學教育的發展，新中國成立後，中國的小學教育從各方面都有了很大的發展，教育水平也有了很大提高。新中國的小學學制實行一貫制，先後有五年制和六年制小學。全國小學學校的數量從1949年的34.68萬所降到2022年的14.91萬所，其主要原因是國家調整農村中小學佈局，將生源偏少、辦學條件差的農村學校進行大規模撤併，從而導致學校數量減少。2022年，全國共有普通小學14.91萬所，另有小學教學點7.69萬個。小學階段在校生1.07億人。小學階段教育專任教師662.94萬人；生師比16.19:1；專任教師中本科以上學歷比例74.53%。

中學教育

　　中學教育是小學教育的延續，也是進入高等院校或轉入其他中等學校的預備階段，教育的對象是年齡為12-17歲的青少年，分為初中和高中兩個階段。

　　初中階段屬於義務教育，是向高中過渡的過程。大部分初中的學制為三年制，不分文理科。開設的課程有語文、數學、英語、歷史、地理、物理、化學，生物等。2022年，全國共有初中5.25萬所，在校生5120.60萬人，初中階段教育專任教師402.52萬人。

　　高中階段是結束九年義務教育之後開始的更高等級的教育，學制一般為三年，包括普通高級中學、普通中等專業學校、成人高中、職業高中、中級技工學校、職業中等專業學校、中等師範學校等。不同類型的學校，開設的課程有所區別。高中教育為非義務教育，學生入學，需要繳納必要的學費以及其他費用。2022年，全國共有普通高中1.50萬所，在校生2713.87萬人，普通高中教育專任教師213.32萬人。

高等教育

　　高等教育，是在完成中等教育之後實施的各種專門教育。在中國，高等教育包括普通高等教育、高職（專科）教育和成人高等教育等類型。

　　中國的高等教育曾經非常落後，1949年，中國僅有205所高等學校，高等教育毛入學率為0.26%，全部在校生不足12萬人。新中國成立之初，完成了對舊中國高等教育的接管和改造，通過學習蘇聯經驗，創辦了大批高等學校，培養了很多社會發展亟需的人才。改革開放以來，中國的高等教育發生了翻天覆地的變化，高等教育的普及率達到或超過世界中高收入國家水平，高等教育品質和水平也不斷提高，高校在世界的排名不斷上升，在許多領域創造了大批基礎研究和科技創新成果。2022年，全國共有高等學校3013所，其中普通本科學校1239所，高等教育專任教師197.78萬人，其中普通本科學校教師131.58萬人。

職業教育

　　職業教育與普通教育屬於不同教育類型，但具有同等重要的地位。職業教育是國民教育體系和人力資源開發的重要組成部分，也是培養多樣化人才、傳承技術技能的重要途徑。職業教育包括職業學校教育和職業培訓。職業學校教育是學歷教育，分為中等、高等職業學校教育。職業培訓是非學歷教育，包括業前培訓、在職培訓、再就業培訓、創業培訓及其他職業性培訓。

　　中國擁有世界規模最大的職業教育體系。中等和高等職業教育招生和在校生規模分別佔高中階段教育和高等教育的半壁江山。

成人教育

成人教育是為成年人提供的各級各類教育，有別於普通全日制教育形式，不限年齡，主要為社會成員中有意願接受系統再教育的人提供教育機會，以增長能力、豐富知識，提高技術和專業資格。成人教育分為學歷教育和非學歷教育兩種。

成人學歷教育有高等教育自學考試、網絡教育、成人高等教育、開放教育等形式，其錄取方式、課程設置、畢業年限、收費標準、上課方式等各有不同。除高等教育外，成人教育還有初中、高中和成人中專等。

少數民族教育

新中國成立之前，由於種種社會歷史原因，少數民族地區的教育普遍比較落後。中國共產黨歷來重視民族教育工作，早在抗日戰爭時期就在延安根據地建立了民族學院，發展少數民族幹部的教育。中華人民共和國成立後，少數民族教育得到了迅速發展，成為中華人民共和國教育事業的重要組成部分。中國政府不斷加大對民族教育的投入，在全國各級教育中，少數民族在校生的總規模持續增長，佔在校生的比例也不斷提高。目前，中國已經建立了完整的少數民族教育體系，教育規模不斷擴大，教育品質顯著提高，為提高少數民族的科學文化素質、改善少數民族的生存生活狀況、促進民族地區的經濟社會發展做出了重大貢獻。

民辦教育

民辦教育是指國家機構以外的社會組織或個人，利用非國家財政性經費，面向社會舉辦學校及其他教育機構的活動。

2002年12月，九屆全國人大通過了《中華人民共和國民辦教育促進法》，後來又經多次修訂。2021年5月，國家頒佈了《中華人民共和國民辦教育促進法實施條例》。《民辦教育促進法》規定，民辦教育事業屬於公益性事業，是社會主義教育事業的組成部分。國家對民辦教育實行積極鼓勵、大力支持、正

確引導、依法管理的方針。民辦學校與公辦學校具有同等的法律地位，國家保障民辦學校的辦學自主權，鼓勵捐資辦學。同時，民辦學校應當遵守法律、法規，貫徹國家的教育方針，保證教育品質，致力於培養社會主義建設事業的各類人才。目前中國的民辦學校主要包括民辦幼稚園、民辦小學、民辦初中、民辦高中、民辦中等職業學校、民辦普通高校等。

特殊教育

特殊教育是運用特殊的方法、設備和措施對特殊對象所進行的教育，狹義的特殊教育，主要指殘疾人教育，如盲人學校、聾人學校、語言障礙兒童訓練中心等。20世紀50年代，特殊教育就已經成為新中國國民教育體系中的重要組成部分，從建國初期到20世紀80年代中期，特殊教育學校一直是中國實施特殊教育的主要形式。經過長期發展，中國基本形成了以教育部門為主，民政、衛生、殘聯和社會力量作補充的特殊教育辦學渠道，形成學前教育、基礎教育、中等教育、高等教育的殘疾人教育體系。近年來，中國特殊教育學校的數量逐年增加。2022年，全國共有特殊教育學校2314所，在校生91.85萬人。特殊教育專任教師7.27萬人。

師範教育與教師隊伍

師範教育是培養師資的專業教育，包括幼兒師範教育、中等師範教育與高等師範教育。新中國成立後，政府對師範教育進行了規劃和建設。中國目前的師範教育，主要有高等師範大學、高等師範專科學校、中等師範學校、教育學院、教師進修學校以及其他學校所辦的師範專業，根據不同的培養目標分成三個層次，即中等師範學校培養小學教師，高等師範專科學校培養初中教師，師範大學和師範學院培養初中和高中教師。

國家對教師資格制度、教師職務制度和教師聘任制度有相應的規定。《中華人民共和國教師法》對教師資格認定、試用期、任教服務期制度等，都做出了規定。近年來，中國教師隊伍規模不斷擴大，學歷不斷提升。

醫藥科技篇

中國醫學

中醫

中醫是中國傳統醫學體系。2017年，《中華人民共和國中醫藥法》正式頒佈實施，其中規定，中醫藥是包括漢族和少數民族醫藥在內的中國各民族醫藥的統稱，是反映中華民族對生命、健康和疾病的認識，具有悠久歷史傳統和獨特理論及技術方法的醫藥學體系。

中國人很早就懂得用醫藥來治病療傷。春秋戰國時期，中醫理論已經基本形成。《黃帝內經》是中國最早的醫學典籍，成型於西漢時期，是由歷代醫家傳承創作的，比較系統地總結了以往的醫療經驗，為中醫學奠定了基礎。戰國時期的著名醫生扁鵲，最早用望、聞、問、切等方法診斷病情，這四種方法一直沿用到今天，成為中醫的傳統診斷方法。中醫學的理論基礎，包括陰陽五行、氣血津液、臟腑學說、經絡學說等。診斷與治療手段有「望」、「聞」、「問」、「切」四診、中藥、針灸、推拿、拔火罐等。中國歷史上的名醫有扁鵲、華佗、張仲景、孫思邈等。

中藥

中藥是中國傳統醫學使用的藥物，主要包括動物、植物和礦物，其中植物所佔的比例最大，所以，中藥常常被稱作中草藥，中醫的藥物學著作也多稱「本草」。中藥可分為中藥材和中成藥。中藥材是可以入藥的草藥或其他類型的藥材，中成藥是以中草藥為原料，經過特殊炮製所製成的內服或外用的藥劑，包括丸、散、膏、丹等各種劑型。

中國最早的中藥學專著是漢代的《神農本草經》。唐代頒佈的《新修本草》是世界上最早的藥典。唐代孫思邈編著的《備急千金要方》和《千金翼方》集唐代之前診治經驗之大成，對後世醫家影響極大。明代李時珍的《本草綱目》，總結了16世紀之前的藥物經驗，對後世藥物學的發展做出了重大的貢獻。

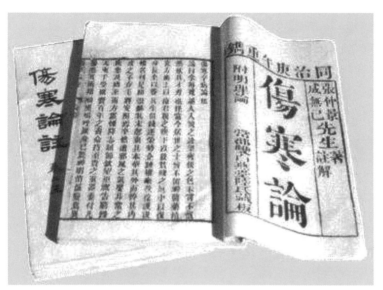

東漢張仲景 《傷寒雜病論》

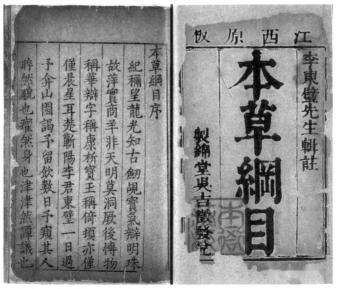

明代李時珍 《本草綱目》

針灸

　　針灸是中國傳統醫學獨創的治療方法，是針法和灸法的總稱。針法是把針具刺入患者體內，運用捻轉與提插等手法對特定的部位進行刺激，從而達到治療疾病的目的。針具的刺入點被稱為人體腧穴，簡稱穴位。人體共有361個穴位，這些穴位有名稱，有固定位置，有對應的經脈。灸法是用預製的灸炷或灸草在體表穴位上燒灼、熏熨，利用熱的刺激來預防和治療疾病，灸草最常見的是艾草，所以灸法也被稱為艾灸。

　　針灸療法具有獨特的優勢，適應症廣泛，操作簡便，費用不高，所以直到今天依然被廣泛應用。遠在唐代，針灸就傳播到了日本、朝鮮、阿拉伯等國家和地區，並在他國開花結果，繁衍出具有異域特色的針灸醫學。如今，針灸已經傳播到了140多個國家和地區。

養生

　　養生是指頤養生命、增強體質、預防疾病以延年益壽的一種活動。養生並不限於中醫理論，而是與中國的儒、道、釋三教以及民俗、武術都有密切聯繫，不過，養生之術與中醫學的最終目標都是維繫健康，因此，養生與中醫的關係也並不疏遠。

　　順時養生，是中醫養生理論中的重要原則之一。中醫強調順應四時，是基於「天人合一」的傳統觀念，也就是説，人要順天而行，順時而動，根據春溫夏熱秋涼冬寒的四季變化，做到春夏養陽，秋冬養陰，遵循春生、夏榮、秋收、冬藏的規律。此外，中醫講究食療，飲食不僅應該多樣化，還要注意食物的調和。運動和心理因素也是中醫養生所注重的。這些理論與實踐，與現代社會中人們根據生命規律所進行的身心養護活動是對應的。

中醫五行與五味

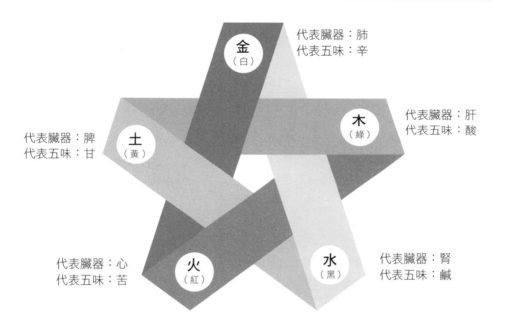

代表臟器：肺
代表五味：辛

代表臟器：肝
代表五味：酸

代表臟器：脾
代表五味：甘

代表臟器：心
代表五味：苦

代表臟器：腎
代表五味：鹹

金（白）

木（綠）

土（黃）

火（紅）

水（黑）

中國發明

四大發明

中國是歷史悠久的文明古國之一。古代中國科技非常發達，在很多重要的科技領域都曾處於世界領先地位。英國科學史專家李約瑟曾經撰寫過一部多卷本巨著《中國科學技術史》，通過豐富的史料，全面論述了中國古代科學技術的成就及其對世界文明的偉大貢獻，內容涉及科學思想、數、理、化、天、地、生、農及工程技術等諸多領域。古代中國人曾經為世界文明發展做出過卓越貢獻，其中影響最為深遠的就是發明了指南針、造紙術、印刷術和火藥。

指南針

戰國時期，中國人就根據磁石指示南北的特性製成了能夠確定方向的儀器 —— 司南。北宋時，人們把經過人工磁化的指南針和方位盤結合起來，製成了羅盤，並應用於航海。指南針對世界航海事業的發展做出了巨大貢獻。

造紙術

造紙術發明之前，中國人把字刻在龜甲獸骨或寫在竹片絹帛上，這些東西不便於運輸保管，造價昂貴。東漢時期，蔡倫用植物纖維做原料，改進製作出了輕薄的紙張。紙張的發明，對於推動人類文明發展具有劃時代的意義。

印刷術

印刷術發明之前，人們看書只能逐字逐句抄寫。隋唐時出現雕版印刷，提高了印書的速度，但雕版的過程還是比較麻煩。北宋時期，畢昇發明了活字印刷術，使印刷技術進入一個新時代。印刷術也是中國對世界文明的一大貢獻。

火藥

火藥的配方最初是由中國古代的煉丹家發現的。後來，人們將硝石、硫黃、木炭按比例配在一起，製成了黑火藥。火藥發明後，先是被製成爆竹和焰火，後來用於軍事。

指南針

造紙術

印刷術

火藥

中國航天

飛天成就

　　古代中國人曾經有很多對於太空的想像，無論是嫦娥奔月的傳說，還是敦煌洞窟的優美壁畫，都體現了古代中國人的飛天夢想。

　　1970年，中國第一顆人造地球衛星「東方紅一號」發射成功，拉開了中國人探索宇宙奧祕的序幕。1984年，中國成功發射第一顆試驗通訊衛星。1992年，中國決定實施載人航天工程，1999年，中國第一艘試驗飛船「神舟一號」成功發射並回收，成為中國航天史上的一個里程碑。2003年，「神舟五號」升空，中國首次載人航天飛行獲得成功，中國也成為繼美、俄之後，世界上第三個擁有載人航天技術的國家。2007年，「嫦娥一號」發射升空，中國成為世界上第五個發射月球探測器的國家。2012年，「神舟九號」實現了中國首次載人交會對接任務。2021年5月，「天問一號」在火星表面實現軟着陸，在火星表面首次留下中國印記，並首次實現通過一次任務完成火星環繞、着陸、巡視三大目標。如今，中國已經有了自己的天宮空間站，並多次發射載人飛船，將太空人送上太空，進行各項科研工作。未來，中國將開啟建設航天強國的新征程，為促進人類文明進步做出更大貢獻。

人造衛星

　　人造地球衛星，簡稱人造衛星，是指環繞地球飛行並在空間軌道運行的無人航天器，主要用於科學探測和研究、天氣預報、通訊、跟蹤、導航等領域。

　　1970年4月24日，「東方紅一號」衛星從甘肅酒泉衛星發射中心發射升空。這是中國第一顆人造地球衛星。對於中國航天事業來說，這一天具有劃時代的歷史意義。2016年，國務院決定，將每年的4月24日設立為「中國航天日」，以紀念中國航天事業的成就。從「東方紅一號」發射至今的50多年來，中國共發射了400多顆人造衛星，在軌運行的衛星數量排名世界第二位。

　　中國的人造衛星，有地球觀測衛星、科學探測/技術試驗衛星、導航衛星、通信衛星、空間試驗衛星等多個種類。目前，中國已自主發展了多種應用衛星，並在多個領域達到世界先進水平。

運載火箭

運載火箭主要用於把人造地球衛星、載人飛船、航天站或行星際探測器等送入預定軌道。中國自主研製的火箭中，最重要的是長征系列運載火箭。長征系列運載火箭起步於20世紀60年代。1970年4月24日，「長征一號」運載火箭成功將中國第一顆人造地球衛星「東方紅一號」送入太空。1971年，「長征一號」火箭又將「實踐一號」科學探測試驗衛星成功發射入軌。

自20世紀80年代開始，中國逐步形成了新一代運載火箭的型譜發展規劃。1980年，中國向太平洋預定海域成功地發射了遠端運載火箭，標誌着中國具備了高軌道人造衛星的發射能力。1981年，中國用一枚運載火箭發射了三顆科學實驗衛星，這是中國第一次「一箭多星」發射，中國也成為世界上第三個掌握「一箭多星」發射技術的國家。至2021年底，長征系列運載火箭的總發射次數已經突破400次。

載人航天

載人航天是當今世界技術最複雜、難度最大的航天工程，融會了諸多現代尖端科技，代表了一個國家的科技與經濟實力。目前，中國已研製出具有完全自主知識產權的神舟系列飛船，先後實現載人往返、太空漫步、航空器與空間站對接，成為能自主進行載人航空的三個國家之一，躋身航天大國之列。

中國載人航天發展歷程

1992年	中國載人航天工程正式啟動，確立了發射載人飛船、發射空間實驗室、建造空間站的「三步走」發展戰略。
1999年	中國第一艘無人試驗飛船「神舟一號」在酒泉起飛。
2003年	中國第一艘載人飛船「神舟五號」搭載航天員楊利偉升空，在軌運行21小時後安全着陸。
2005年	「神舟六號」首次進行多人多天的航天飛行。
2008年	「神舟七號」航天員首次進入太空，成功進行出艙活動。
2012年	「神舟九號」和「天宮一號」實現自動交會對接，劉洋成為中國首位女航天員。
2021年 6月	「神舟十二號」與「天和」核心艙成功實現自主交會對接，中國人首次進入自己的空間站。
10月16日	「神舟十三號」載人飛船將3名航天員送入太空，航天員在空間站駐留183天，於2022年4月16日成功着陸，順利完成全部既定任務，創造了多項「首次」。
2022年 6月5日	「神舟十四號」搭載3名航天員進駐「天宮」空間站「天和」核心艙，從這次任務起，中國「天宮」空間站將維持長期有人員駐留狀態。
11月29日	「神舟十五號」載人飛船發射。
11月30日	「神舟十五號」搭載的3名太空人順利進駐中國空間站，與「神舟十四號」航天員乘組首次實現「太空會師」。
2023年 6月4日	「神舟十五號」載人飛船返回艙成功着陸，飛行任務取得圓滿成功。

空間實驗室

空間實驗室又稱太空實驗室，是一種多用途的載人航天科學實驗空間站。2011年，「天宮一號」發射升空，成為中國空間實驗室的雛形。2016年，天宮二號成功發射，這是中國第一個真正意義上的空間實驗室，搭載了太空冷原子鐘等14項應用載荷以及失重心血管研究等航天醫學實驗設備，配備在軌維修技術驗證裝置、機械臂操作終端在軌維修試驗設備。實驗室的主要任務包括：開展較大規模的空間科學實驗和空間應用試驗以及航天醫學實驗；考核驗證太空人中期駐留、推進劑補加、在軌維修等空間站建造運營關鍵技術。

探月工程

探月工程是利用航天器對月球進行探測的科學實驗工程。中國的探月工程又稱「嫦娥工程」。 2004年，中國正式開展月球探測工程。2006年，國務院頒佈《國家中長期科學和技術發展規劃綱要(2006-2020)》，明確將「載人航天與探月工程」列入國家16個重大科技專項。2007 年，中國第一顆探月衛星「嫦娥一號」發射升空。2010 年，「嫦娥二號」衛星發射升空，這是中國第一顆人造太陽系小行星。2013 年，「嫦娥三號」探測器發射升空，並在月球成功軟着陸，這是中國第一個無人登月探測器。2018 年，「嫦娥四號」探測器開啟了月球探測的新旅程。「嫦娥五號」月球探測器是中國首顆地月採樣往返探測器，於2020年11月發射升空，歷時23天，完成了月壤採樣與封裝、月面起飛入軌、月球軌道交會對接和樣品轉移等多項任務，2020 年12月成功着陸，將1731克月球樣品成功帶回地球，標誌着中國首次地外天體採樣任務順利完成，為未來開展月球和行星探測奠定了基礎。

探月工程大事記

1	2007 年 10 月 24 日	中國第一顆自主研發的月球探測衛星「嫦娥一號」在西昌衛星發射中心發射。
2	2008 年 11 月 12 日	由「嫦娥一號」拍攝數據製作完成的中國第一幅全月球影像圖公佈，這是當時世界上已公佈的月球影像圖中最完整的一幅。
3	2010 年 10 月 1 日	「嫦娥二號」探測器在西昌衛星發射中心發射。
4	2013 年 12 月 2 日	「嫦娥三號」月球探測器在西昌衛星發射中心發射升空。
	2013 年 12 月 14 日	「嫦娥三號」攜帶中國第一輛月球車「玉兔一號」在月球正面虹灣成功軟着陸，中國成為世界上第三個實現月面軟着陸和月面巡視探測的國家。
5	2018 年 12 月 8 日	「嫦娥四號」探測器在西昌衛星發射中心由「長征三號」乙運載火箭發射升空。
	2019 年 1 月 3 日	「嫦娥四號」探測器成功在月球背面着陸，傳回世界第一張近距離拍攝的月背影像圖。
6	2020 年 11 月 24 日	「嫦娥五號」探測器在中國海南文昌航天發射場成功發射。
	2020 年 12 月 1 日	「嫦娥五號」在月球成功着陸。
	2020 年 12 月 17 日	「嫦娥五號」攜帶 1731 克月壤樣品返回地球，在內蒙古四子王旗成功着陸。

北斗導航系統

北斗衛星導航系統是中國自主研發、獨立運行的全球衛星導航系統，也是繼美國的GPS和俄羅斯的GLONASS之後全球第三個成熟的衛星導航系統。20世紀後期，中國開始探索適合國情的衛星導航系統發展道路。2000年建成「北斗一號」系統，為國內提供服務；2012年建成「北斗二號」系統，為亞太地區提供服務；2020年完成北斗衛星系統組網，「北斗三號」全球衛星導航系統建成，面向全球提供服務。目前，全球已有137個國家與北斗衛星導航系統簽下了合作協定。

北斗衛星導航系統由空間段、地面段和使用者段三部分組成。提供服務以來，已在測繪、電信、水文監測、農林漁業、交通運輸、氣象測報、電力調度、救災減災、公共安全等領域得到廣泛應用。基於北斗系統的導航服務已被電子商務、移動智慧終端機製造等廠商採用，廣泛進入中國的大眾消費、共用經濟和民生領域，深刻改變着人們的生產生活方式。

火星探測

火星探測是指人類通過向火星發射空間探測器對火星所進行的科學探測活動。2016年，中國火星探測任務正式立項，首次火星探測任務被命名為「天問」。2020年，「天問一號」探測器發射升空，執行首次火星探測任務，為「天問一號」執行任務的中國第一輛火星車被命名為「祝融號」。祝融是中國古代神話傳說中的火神。2021年3月，國家航天局發佈了3幅由「天問一號」探測器拍攝的高清火星影像圖。2021年5月，「天問一號」巡視器成功着陸於火星，「祝融號」火星車到達火星表面，開始巡視探測，標誌着中國首次火星探測任務取得圓滿成功。火星探測項目是繼載人航天工程、探月工程之後中國又一個重大的空間探索項目，也是中國首次開展的地外行星空間環境探測活動。

地理科技

雜交水稻

　　雜交水稻指選用兩個在遺傳上有一定差異、其優良性狀又能互補的水稻品種進行雜交。雜交水稻的繁殖力、抗逆性、產量和品質都優於普通水稻。中國是世界上第一個成功研發和推廣雜交水稻的國家。被稱為「雜交水稻之父」的袁隆平，於1973年在世界上首次培育成功秈型雜交水稻。目前，雜交水稻的種植面積約佔中國水稻種植面積的一半，主要生產區域是華南、長江流域。雜交水稻不僅解決了中國人的吃飯問題，也有助於解決全球的糧食問題。2021年，袁隆平團隊研發的雜交水稻成功突破畝產1500公斤，創造了新的紀錄。

極地科考

　　南極和北極地區資源豐富，開展極地考察，是人類拓展生存與發展空間的一件大事，因此，極地考察被許多國家作為贏得未來發展主動權的重要國家戰略。同時，極地科考也是一個國家綜合國力、科技水平的展現。目前，參與極地科考的國家有50多個，既包括經濟發達國家，也包括主要發展中國家。

　　1984年，中國科考隊首次踏上南極，此後的30多年間，逐步建立起日益完善的極地立體監測體系，形成海陸空立體化格局，成為世界上少數能在極地獨立開展考察並建立科考站的國家。中國的極地科考站包括南極的長城站、中山站、崑崙站、泰山站、羅斯海新站和北極的黃河站、中－冰北極科學考察站。目前，中國以雪龍號極地科學考察船為平台，已完成38次南極科學考察和12次北極科學考察。

中國極地科考站

科考站位置	科考站名稱	建立時間
南極洲南設得蘭羣島喬治王島南端	中國南極長城站	1985 年 2 月 20 日
東南極大陸拉斯曼丘陵	中國南極中山站	1989 年 2 月 26 日
南極內陸冰蓋最高點冰穹 A 西南方向約 7.3 公里	中國南極崑崙站	2009 年 1 月 27 日
中山站與崑崙站之間的伊莉莎白公主地	中國南極泰山站	2014 年 2 月 8 日
南極洲東部維多利亞地恩克斯堡島	中國南極羅斯海新站	2018 年 2 月 7 日奠基，正在建設中
挪威斯匹次卑爾根羣島的新奧爾松	中國北極黃河站	2004 年 7 月 28 日
冰島北部凱爾赫	中－冰北極科學考察站	2018 年 10 月 18 日

國防與軍隊篇

國家安全

總體國家安全觀

　　2014年，習近平在主持召開中央國家安全委員會第一次會議時強調，堅持總體國家安全觀，以人民安全為宗旨，以政治安全為根本，以經濟安全為基礎，以軍事、文化、社會安全為保障，以促進國際安全為依託，走出一條中國特色的國家安全道路。

　　貫徹落實總體國家安全觀，必須既重視外部安全，又充實內部安全。對內求發展、求變革、求穩定，建設平安中國；對外求和平、求合作、求共贏，建設和諧世界；既重視國土安全，又重視國民安全，堅持以民為本、以人為本，真正夯實國家安全的羣眾基礎；構建集政治安全、國土安全、軍事安全、經濟安全、文化安全、社會安全、科技安全、信息安全、生態安全、資源安全、核安全等於一體的國家安全體系；既重視發展問題，又重視安全問題；富國才能強兵，強兵才能衞國；既重視自身安全，又重視共同安全，打造命運共同體，推動各方朝着互利互惠、共同安全的目標相向而行。

國防戰略和政策

　　中國制定國防政策的根本依據是中國的國家利益，主要包括維護國家主權、統一、領土完整和安全；堅持以經濟建設為中心，不斷提高綜合國力；堅持和完善社會主義制度；保持和促進社會的安定團結；爭取長期和平的國際環境和良好的周邊環境。

　　中國的社會主義國家性質，走和平發展道路的戰略抉擇，獨立自主的和平外交政策，「和為貴」的中華文化傳統，決定了中國始終不渝奉行防禦性國防政策。堅決捍衞國家主權、安全、發展利益，是新時代中國國防的根本目標。堅持永不稱霸、永不擴張、永不謀求勢力範圍，是新時代中國國防的鮮明特徵。貫徹落實新時代軍事戰略方針，是新時代中國國防的戰略指導。堅持走中國特色強軍之路，是新時代中國國防的發展路徑。服務構建人類命運共同體，是新時代中國國防的世界意義。

國防領導體制

《中華人民共和國憲法》和《中華人民共和國國防法》規定，國家對國防活動實行統一領導。全國人大依照憲法規定，決定戰爭和和平的問題；全國人大常委會依照憲法規定，決定戰爭狀態的宣佈，決定全國總動員或者局部動員；國家主席根據全國人大和全國人大常委會的決定，宣佈戰爭狀態，發佈動員令；國務院領導和管理國防建設事業。國務院設立國防部，國防部在接受國務院領導的同時，也接受中央軍委的領導。國防部是國務院的軍事工作部門。它的基本職能是：統一管理全國武裝力量的建設工作，如人民武裝力量的徵集、編制、裝備、訓練、軍事科研以及軍人銜級、薪級等。國防部沒有實際的軍事指揮權。中央軍事委員會領導全國武裝力量。

改革強軍策略

2015年，習近平總書記在中央軍委改革工作會議上提出全面實施改革強軍策略，堅定不移走中國特色強軍之路的要求。深化國防和軍隊改革是實現中國夢、強軍夢的時代要求，是強軍興軍的必由之路。改革的目標是構建能夠打贏信息化戰爭、有效履行使命任務的中國特色現代軍事力量體系，使中國特色社會主義軍事制度更加成熟，為實現強軍目標、建設世界一流軍隊打下更為扎實的基礎。改革的成果標誌，就是在領導管理體制、聯合作戰指揮體制上取得突破性進展，在優化規模結構和力量編成、完善政策制度、推動軍民融合發展等方面的改革上取得重要成果。

改革的六方面舉措包括：形成軍委總管、戰區主戰、軍種主建的格局；深入推進依法治軍，從嚴治軍，構建嚴密的權力運行制約監督體系；推動人民解放軍由數量規模型向品質效能型轉變；培育軍隊戰鬥力新的增長點；推動人才發展機制改革和政策創新；推動經濟建設和國防建設融合發展。

國家安全的範疇

政治　軍事　國土　經濟　金融

文化　社會　科技　網絡　糧食

生態　資源　核　海外利益　太空

深海　極地　生物　人工智能　數據

中國軍隊作戰指揮體系架構圖

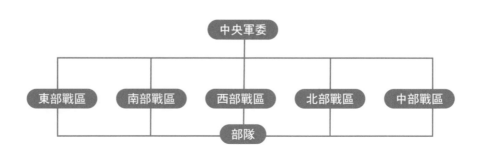

中央軍委

東部戰區　南部戰區　西部戰區　北部戰區　中部戰區

部隊

中國軍事

兵役法

　　兵役法是國家軍事制度方面的重要法律，其主要功能是為規範和加強國家兵役工作，保證公民依法服兵役，保障軍隊兵員補充和儲備，為建設鞏固國防和強大軍隊提供法治保障。中國第一部兵役法於1955年7月頒佈，第二部兵役法於1984年5月頒佈，1998年、2009年、2011年和2021年先後四次修訂。兵役法頒佈施行以來，對於提高全民國防意識，保障兵役工作順利開展，推動國防和軍隊建設，發揮了重要作用。

兵役制度

　　《中華人民共和國兵役法》規定，中國實行以志願兵役為主體的志願兵役與義務兵役相結合的兵役制度。中國公民，不分民族、種族、職業、家庭出身、宗教信仰和教育程度，都有義務依照法律規定服兵役。

　　兵役分為現役和預備役。在中國人民解放軍服現役的稱軍人；預編到現役部隊或者編入預備役部隊服預備役的，稱預備役人員。軍人必須遵守軍隊的條令和條例，忠於職守，隨時為保衛祖國而戰鬥。預備役人員必須按照規定參加軍事訓練、擔負戰備勤務、執行非戰爭軍事行動任務，隨時準備應召參戰，保衛祖國。

　　現役士兵包括義務兵役制士兵和志願兵役制士兵，義務兵役制士兵稱義務兵，志願兵役制士兵稱軍士。軍人按照國家有關規定，在醫療、金融、交通、參觀遊覽、法律服務、文化體育設施服務、郵政服務等方面享受優待政策。公民入伍時保留戶籍。

武裝力量構成

　　中華人民共和國武裝力量由中國人民解放軍、中國人民武裝警察部隊和民兵組成，由中央軍事委員會領導並統一指揮。

　　中國人民解放軍是中國武裝力量的主體，由現役部隊和預備役部隊組成，包括陸軍、海軍、空軍、火箭軍、戰略支援部隊和聯勤保障部隊等軍兵種部隊。經過1985年以來的三次大規模裁軍，目前的總員額保持在200萬左右。

現役部隊是國家的常備軍,主要擔負防衛作戰任務,必要時可以依照法律規定協助維護社會秩序。預備役部隊是以現役軍人為骨幹、預備役人員為基礎,按規定體制編制組成的部隊,納入軍隊領導指揮體系,根據國家發佈的動員令,戰時轉為現役部隊。中國人民武裝警察部隊由內衛部隊、機動部隊、海警部隊和院校、研究機構組成。武裝警察部隊納入軍隊領導指揮體系,由黨中央、中央軍委集中統一領導,擔負執勤、處置突發社會安全事件、防範和處置恐怖活動、海上維權執法、搶險救援和防衛作戰以及中央軍事委員會賦予的其他任務。中華人民共和國民兵是不脫離生產的羣眾武裝組織,平時擔負戰備執勤、搶險救災和維護社會秩序等任務,戰時擔負配合常備軍作戰、獨立作戰、為常備軍作戰提供戰鬥勤務保障以及補充兵員等任務。

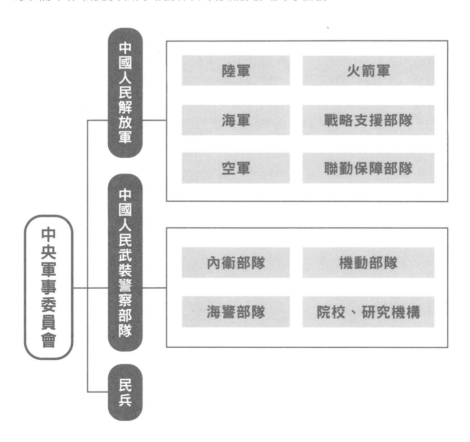

中國人民解放軍軍銜制度

中華人民共和國成立後，中國人民解放軍兩次實行軍銜制度，促進了軍隊的現代化、正規化建設。

1955年，人民解放軍正式實行軍銜制度。軍銜設四等十四級，即元帥二級、將官四級、校官四級、尉官三級，士兵軍銜設二等五級。1988年，中國人民解放軍重新實行軍銜制度。新軍銜設置軍官軍銜三等十一級：將官包括一級上將、上將、中將、少將；校官包括大校、上校、中校、少校；尉官包括上尉、中尉、少尉。士兵軍銜設三等七級：士官包括軍士長、專業軍士；軍士包括上士、中士、下士；士兵包括上等兵、列兵。1994年，《中國人民解放軍軍官軍銜條例》再做修改，修改後的現役軍官軍銜設三等十級。

依法治軍 從嚴治軍

2015年，中央軍委印發《關於新形勢下深入推進依法治軍從嚴治軍的決定》。《決定》要求全軍用強軍目標引領軍事法治建設，強化法治信仰和法治思維，按照法治要求轉變治軍方式，形成黨委依法決策、機關依法指導、部隊依法行動、官兵依法履職的良好局面，提高國防和軍隊建設法治化水平。

《決定》強調，深入推進依法治軍從嚴治軍，是全面依法治國總體部署的重要組成部分，是實現強軍目標的必然要求，是深化國防和軍隊改革的重要保障，是確保部隊有效履行使命任務和高度集中統一的堅強保證。當前，國防和軍隊建設站在新的歷史起點上，依法治軍從嚴治軍在國防和軍隊建設全局中的地位更加突出、作用更加重大，必須更好發揮法治的引領和規範作用，建立一整套符合現代軍事發展規律、體現我軍特色的科學的組織模式、制度安排和運作方式，推動軍隊正規化建設向更高水平發展。

中國人民解放軍軍銜

三等十級軍官軍銜（海軍、空軍軍官在軍銜前分別冠以「海軍」、「空軍」，專業技術軍官在軍銜前冠以「專業技術」）

將官	校官	尉官
・上將 ・中將 ・少將	・大校 ・上校 ・中校 ・少校	・上尉 ・中尉 ・少尉

根據中華人民共和國第十三屆全國人民代表大會常務委員會第三十三次會議於 2022 年 2 月 28 日通過，自 2022 年 3 月 31 日起施行的《全國人民代表大會常務委員會關於中國人民解放軍現役士兵銜級制度的決定》，

中國人民解放軍現役士兵銜級為：

軍士軍銜（三等七銜）		義務兵軍銜
高級軍士	一級軍士長	上等兵
	二級軍士長	列兵
	三級軍士長	
中級軍士	一級上士	
	二級上士	
初級軍士	中士	
	下士	

外交篇

中國外交

外交政策

　　中國外交政策是指中國在處理同世界其他國家和地區的政治、經濟、文化、邊界等各種關係的措施和辦法。中國始終奉行獨立自主的和平外交政策，堅持和平共處五項原則，走和平發展之路。維護世界和平，促進共同發展是中國外交政策的宗旨；和平共處五項原則是中國外交政策的基本準則；獨立自主是中國外交的基本立場；維護中國的主權、安全和發展利益，促進世界的和平與發展，是中國外交的基本目標；加強同第三世界國家的團結與合作，是中國對外政策的基本立足點；堅持對外開放，加強國際交往，是中國的基本國策。在這一外交政策的指導下，中國已經同許多國家和地區建立和發展了友好合作的外交關係。

奉行政策	獨立自主的和平外交政策
基本準則	和平共處五項原則
國際戰略	走和平發展之路
基本立場	獨立自主
基本目標	維護中國的主權、安全和發展利益，促進世界的和平與發展，推動構建人類命運共同體
基本立足點	加強同第三世界國家的團結與合作
基本國策	對外開放，加強國際交往

和平共處五項原則

和平共處五項原則是1953年時任國務院總理周恩來會見印度代表團時首次提出的。1954年，周恩來總理訪問印度、緬甸期間，分別與兩國總理發表聯合聲明，倡導互相尊重主權和領土完整、互不侵犯、互不干涉內政、平等互利、和平共處五項原則。這是國際關係史上的重大創舉，為推動建立公正合理的新型國際關係做出了歷史性貢獻。1982年五屆全國人大第五次會議通過的新修訂的《中華人民共和國憲法》規定，中國堅持獨立自主的對外政策，堅持和平共處五項基本原則，發展同各國的外交關係。和平共處五項基本原則成為中國發展與世界各國的友好合作關係的指導性原則。和平共處五項原則反映了聯合國憲章的宗旨和原則，並賦予這些宗旨和原則以可見、可行、可依循的內涵，不僅成為中國外交政策的基礎，也被世界上絕大多數國家接受，成為規範國際關係的重要準則。

和平發展道路

和平發展道路是中國社會發展的國際戰略。2005年，中國政府發表《中國的和平發展道路》白皮書，闡述了中國走和平發展之路的立場和決心。2018年，十三屆全國人大第一次會議通過憲法修正案，提出中國堅持和平發展道路，堅持互利共贏開放戰略，推動構建人類命運共同體。

和平發展道路的主要內容，歸結起來就是：既通過維護世界和平發展自己，又通過自身發展維護世界和平；在強調依靠自身力量和改革創新實現發展的同時，堅持對外開放，學習借鑒別國長處；順應經濟全球化發展潮流，尋求與各國互利共贏，共同發展；同國際社會一道努力，推動建設持久和平、共同繁榮的和諧世界。中國將堅定不移走和平發展道路，同時也將推動各國共同堅持和平發展。中國將積極承擔更多國際責任，同世界各國一道維護人類良知和國際公理，在世界和地區事務中主持公道、伸張正義。中國主張以和平方式解決國際爭端，反對各種形式的霸權主義和強權政治，永遠不稱霸，永遠不搞擴張。中國主張堅持共贏精神，在追求本國利益的同時兼顧別國利益，做到惠本國、利天下，推動走出一條合作共贏、良性互動的路子。

中國特色大國外交

2014年，中央外事工作會議正式確立了中國特色大國外交理念的指導地位，其核心內容是中國要在國際上更好地發揮負責任大國作用，並體現鮮明的中國特色、中國風格、中國氣派。中共十九大報告強調，中國特色大國外交要推動構建新型國際關係，推動構建人類命運共同體。為此，中國將高舉和平、發展、合作、共贏的旗幟，推動建設互相尊重、公平正義、合作共贏的新型國際關係；呼籲各國人民同心協力，建設持久和平、普遍安全、共同繁榮、開放包容、清潔美麗的世界；堅定奉行獨立自主的和平外交政策，反對干涉別國內政，反對恃強凌弱；中國絕不會以犧牲別國利益為代價來發展自己，也絕不放棄自己的正當權益；奉行防禦性國防政策，中國發展不對任何國家構成威脅；積極發展全球伙伴關係，擴大同各國的利益交匯點；堅持對外開放的基本國策，堅持打開國門建設；秉持共商共建共用的全球治理觀，倡導國際關係民主化；繼續發揮負責任大國作用，積極參與全球治理體系改革和建設，不斷貢獻中國智慧和力量。中國特色大國外交，根本一點就是不僅以中國觀世界，也以世界觀中國、以世界觀世界，並在這種積極互動中展示具有鮮明中國特色的大國外交理念和外交實踐。

構建人類命運共同體

命運共同體是國家主席習近平提出的重要理念之一。當今世界處於大變革大調整的時期，沒有哪個國家能夠獨自應對人類面臨的各種挑戰，世界各國需要同舟共濟，共同維護和促進世界和平與發展。

2013年，習近平在莫斯科國際關係學院的演講中首次提出「人類命運共同體」理念，此後多次對構建人類命運共同體進行重要闡述，形成了科學完整、內涵豐富的思想體系，其核心就是中共十九大報告所指出的「建設持久和平、普遍安全、共同繁榮、開放包容、清潔美麗的世界」。構建人類命運共同體，必須從政治、安全、經濟、文化、生態五個方面着力。

政治
相互尊重、平等協商。堅決摒棄冷戰思維和強權政治，走對話而不對抗、結伴而不結盟的國與國交往新路。

生態
堅持環境友好，合作應對氣候變化，保護好人類賴以生存的地球家園。

經濟
同舟共濟，促進貿易和投資自由化便利化，推動經濟全球化朝着更加開放、包容、普惠、平衡、共贏的方向發展。

構建人類命運共同體

文化
尊重世界文明多樣性，以文明交流超越文明隔閡、文明互鑒超越文明衝突、文明共存超越文明優越。

安全
樹立共同、綜合、合作、可持續的新安全觀。要堅持以對話解決爭端、以協商化解分歧，統籌應對傳統和非傳統安全威脅，反對一切形式的恐怖主義。

「一帶一路」倡議及實施

　　「一帶一路」是「絲綢之路經濟帶」和「21世紀海上絲綢之路」的簡稱。2013年，國家主席習近平出訪中亞和東南亞時，分別提出了與相關國家共同建設「絲綢之路經濟帶」和「21世紀海上絲綢之路」的倡議。該倡議主要涵蓋東亞、東南亞、南亞、西亞、中東歐等國家和地區，以實現「政策溝通、設施聯通、貿易暢通、資金融通、民心相通」為主要內容，以「共商、共建、共用」為原則，以「利益共同體、責任共同體、命運共同體」為目標，實實在在造福參與共建的國家和人民。「一帶一路」倡議符合有關各方共同利益，順應地區和全球合作潮流，得到了共建國家的積極回應。截至2023年1月，中國已經與151個國家和32個國際組織簽署了200多份「一帶一路」合作文件，簽署範圍自亞歐大陸拓展至非洲、拉美和加勒比地區、南太平洋地區，還與80多個共建國家建立了科技合作關係，形成了以「一帶一路」為引領的對外開放新格局。「一帶一路」倡議已被寫入聯合國大會、安理會等重要決議。

合作共贏的新型國際關係

　　2013年，習近平首次闡釋了建立以合作共贏為核心的新型國際關係的理念，提出要繼承和弘揚聯合國憲章的宗旨和原則，構建以合作共贏為核心的新型國際關係，打造人類命運共同體。建立平等相待、互商互諒的伙伴關係，營造公道正義、共建共用的安全格局，謀求開放創新、包容互惠的發展前景，促進和而不同、兼收並蓄的文明交流，構築尊崇自然、綠色發展的生態體系，上述「五位一體」，構成了新型國際關係的主要體系。構建新型國際關係，是中國領導人對關係到人類前途命運的和平與發展等關鍵問題給出的中國答案。以合作共贏為核心，蘊含着對實現世界和平、發展、公平、正義、民主、自由等全人類共同價值的關懷，亦是對聯合國崇高目標的深刻思考。

維護世界和平

中國始終踐行和平發展理念。面對全球挑戰與熱點問題，中國積極有為，勇於擔當，為維護全球和平、促進人類共同發展做出了重要貢獻。

中國是聯合國創始會員國，也是聯合國安理會常任理事國。一直以來，中國堅決維護以聯合國憲章宗旨和原則為核心的國際秩序和國際體系，維護世界和平穩定和國際公平正義，做世界和平的建設者、全球發展的貢獻者和國際秩序的維護者，展現負責任大國擔當，成為世界維和行動的重要力量，在世界範圍內樹立了典範。中國累計參與近30項聯合國維和行動，派出維和人員50000餘人次，是五個安理會常任理事國中派出維和人員最多的國家。

同時，中國為推動解決熱點問題、維護世界和平與發展積極奔走，為實現聯合國千年發展目標和聯合國2030年可持續發展議程目標做出了顯著貢獻，在應對氣候變化、消除貧困、環境保護、保障婦女權益等諸多領域，中國的作用同樣不可或缺。

國際關係

中美關係

在中國與西方大國的關係中，中美關係是重中之重。中國是世界上最大的發展中國家，美國是最大的發達國家。無論是對中美雙方，還是對整個世界，中美關係都是極為重要的雙邊關係。新中國成立以來，中美關係既有對抗和摩擦，也有合作和協調，通過不斷加強溝通，深化交流，形成了目前彼此高度依存的關係。

新中國成立之初，中美兩國的關係曾經是對抗衝突的關係。1972年，尼克松總統訪華，中美雙方發表了《中美聯合公報》，開啟了中美關係正常化的大門。1979年，中美正式建交，雙方在戰略、經貿、教育與文化等方面的合作進入一個全新階段，不僅為兩國人民帶來福祉，也為世界的和平、穩定與繁榮做出了重要貢獻。

中國重視中美關係，希望雙邊關係在中美三個聯合公報所確立原則的基礎上平穩發展。中美兩國在社會制度、發展道路、價值觀念等方面存在差異，但並不意味着兩國必然走向衝突對抗。和則兩利，鬥則俱傷。對抗衝突不符合中美雙方的利益，對話合作才是正確的交往之道。中美兩國有各自的發展目標，但並不是非此即彼的關係。中美兩國應該相互尊重、和平共處，在各層級各領域加強溝通對話，推動中美關係穩定發展。2022年3月18日晚，國家主席習近平在北京應約同美國總統拜登視頻通話時強調：中美過去和現在都有分歧，將來還會有分歧。關鍵是管控好分歧。一個穩定發展的中美關係，對雙方都是有利的。

> 中美過去和現在都有分歧，將來還會有分歧。關鍵是管控好分歧。一個穩定發展的中美關係，對雙方都是有利的。

中日關係

中日兩國是一衣帶水的鄰邦，曾經有過悠久的友好交往歷史。20世紀三四十年代，日本軍國主義對中國發動的侵略戰爭，使中國人民遭受了深重災難。周恩來總理曾用「兩千年友好，五十年對立」來形容中日友好交往史中這段不愉快的經歷，並為發展雙邊關係提出了「以史為鑒，面向未來」的原則。

1972年，中日兩國建立外交關係。根據中日邦交正常化的《中日聯合聲明》，雙方在1978年簽署《中日和平友好條約》，確立在和平共處五項原則的基礎上發展全面的中日關係，奠定了中日睦鄰友好的政治基礎。政治關係的良好發展，為中日經貿等各領域的合作創造了條件。如今，中日關係的發展環境發生了重大變化，而且，兩國之間仍然存在一些難以化解的矛盾，對歷史問題認識的差異、東海及釣魚島問題、台灣問題等，都是限制中日關係發展的關鍵因素。在新的形勢下，中日兩國需要建立更高水平的政治互信，開展更高品質的互利合作，推進更為豐富多彩的人文交流，構建更為建設性的安全關係，加強更具戰略性的多邊合作，構建契合新時代要求的中日關係。

中俄關係

新中國成立之後，中俄關係大致可以分成中蘇關係時期和中俄關係時期，經歷了親密結盟、嚴重對立、互利合作等不同的階段。蘇聯解體之後，中國承認俄羅斯聯邦獨立，中蘇關係平穩過渡到中俄關係。2001年，兩國元首簽署《中俄睦鄰友好合作條約》，確定和平共處五項原則是指導兩國關係的基本準則，兩國在解決邊界問題，維護國家統一、主權和領土完整，開展雙邊互利合作，促進建立公正合理的國際新秩序等多個方面達成共識，極大地推動了中俄關係的發展。2019年，中俄兩國關係提升為「新時代中俄全面戰略協作伙伴關係」。2021年，中俄兩國領導人宣佈《中俄睦鄰友好合作條約》延期。

中俄關係具有廣泛而堅實的基礎，中俄戰略協作伙伴關係是建立在平等互信、開放合作、互利共贏基礎上的新型國家關係，堪稱睦鄰友好的典範。務實合作、互利共贏成為中俄關係的主流。

中歐關係

　　中歐關係是中國重要的雙邊關係之一。歐洲是發達國家最為集中的地區，歐盟是發達國家組成的最大的經濟集團，發展中歐關係，對推動中歐各國及地區和世界和平發展都具有戰略意義。1975年，中國與歐盟建立了正式關係。1985年，中歐簽訂《貿易與經濟合作協定》。20世紀末以來，中歐着眼長遠，順應潮流，推動雙方關係連續登上建設性伙伴關係、全面伙伴關係、全面戰略伙伴關係三個台階。2013年習近平擔任國家主席以來，多次訪問歐洲多國和歐盟總部。習近平主席強調，要從戰略高度看待中歐關係，將中歐兩大力量、兩大市場、兩大文明結合起來，共同打造中歐和平、增長、改革、文明四大伙伴關係，為中歐合作注入新動力，為世界發展繁榮做出更大貢獻。新形勢下，中歐雙方將在中歐、亞歐、全球三個層面展開合作。2021年《政府工作報告》勾畫出中歐關係發展的方向和前景。面對百年未有之大變局，中歐關係將不斷發展與深化，對世界政治經濟格局產生積極而深遠的影響。

中國與第三世界國家

　　第三世界國家是指亞洲、非洲、拉丁美洲以及其他地區的發展中國家。這些國家土地遼闊，資源豐富，人口眾多，在歷史上長期遭受帝國主義和殖民主義的侵略和剝削，經濟上大多比較落後，面臨政治獨立和經濟獨立的嚴峻任務。20世紀70年代，毛澤東提出劃分「三個世界」的戰略思想，確定了中國外交的立足點。「三個世界」即超級大國、發達國家和發展中國家。中國自己屬於發展中國家，因此，中國歷來重視與第三世界國家的外交關係，始終把加強同第三世界的團結與合作作為自己外交政策的重要內容。中國和第三世界發展中國家的關係是相互支持、平等互利、共同發展的新型國際關係。這一關係促進和增強了發展中國家的團結與合作，有助於真正的和諧世界的形成。作為世界上最大的發展中國家，中國對其他發展中國家也一直給予力所能及的幫助和支持。

中國與周邊國家

「親誠惠容」這「四字箴言」，是新形勢下中國堅持走和平發展道路的生動宣言，是對多年來中國周邊外交實踐的精闢概括，反映了中國新一屆中央領導集體外交理念的創新發展。2013年10月24日，國家主席習近平在周邊外交工作座談會上強調，中國周邊外交的基本方針，就是堅持與鄰為善、以鄰為伴，堅持睦鄰、安鄰、富鄰，突出體現親、誠、惠、容的理念。「親」是指鞏固地緣相近、人緣相親的友好情誼，要堅持睦鄰友好、守望相助，講平等、重感情，常見面、多走動，多做得人心、暖人心的事，使周邊國家對我們更友善、更親近、更認同、更支持，增強親和力、感召力、影響力。「誠」是指堅持以誠待人、以信取人的相處之道，要誠心誠意對待周邊國家，爭取更多朋友和伙伴。「惠」是指履行惠及周邊、互利共贏的合作理念，要本着互惠互利的原則同周邊國家開展合作，編織更加緊密的共同利益網絡，把雙方利益融合提升到更高水平，讓周邊國家得益於我國發展，使我國也從周邊國家共同發展中獲得裨益和助力。「容」是指展示開放包容、求同存異的大國胸懷，要倡導包容的思想，強調亞太之大容得下大家共同發展，以更加開放的胸襟和更加積極的態度促進地區合作。

生態文明建設篇

美麗中國

美麗中國願景

　　建設生態文明，關係人民福祉，關乎民族未來。中共十八大報告提出，努力建設美麗中國，實現中華民族永續發展。中共十九大報告進一步指出，要加快生態文明體制改革，建設美麗中國，並且提出至21世紀中葉，在基本實現現代化的基礎上，把中國建成富強民主文明和諧美麗的社會主義現代化強國。建設美麗中國成為中國夢的重要內容，具體而言，就是要按照尊重自然、順應自然、保護自然的原則，秉持「既要金山銀山，又要綠水青山」、「綠水青山就是金山銀山」的理念，貫徹節約資源和保護環境的基本國策，自覺地推動綠色發展、循環發展、低碳發展；給自然留下更多修復空間，給農業留下更多良田，為子孫後代留下天藍、地綠、水清的生產生活環境。中國夢的實現不以犧牲環境為代價，在發展經濟的同時，保護好生態環境。建設美麗中國，有利於中國的長遠發展，也將助推世界可持續發展，更有助於實現人類共同的夢想——保護美麗的地球。

社會主義生態文明

　　社會主義生態文明以尊重和維護生態環境為主旨、以可持續發展為依據、以人類的可持續發展為着眼點，在開發利用自然的過程中，從維護社會、經濟、自然系統的整體利益出發，尊重自然、保護自然，注重生態環境建設，致力於提高生態環境品質，使現代經濟社會發展建立在生態系統良性循環的基礎之上，以有效地解決人類經濟社會活動的需求同自然生態環境系統供給之間的矛盾，實現人與自然的協同進化，促進經濟社會、自然生態環境的可持續發展。

　　2007年，「生態文明」這一概念被寫入中共十七大報告，生態文明建設作為國策被正式提出。2012年，中共十八大把生態文明建設納入中國特色社會主義事業總體佈局，使生態文明建設的戰略地位更加明確，並明確提出大力推進社會主義生態文明建設的總體要求：樹立尊重自然、順應自然、保護自然的生態文明理念，把生態文明建設放在突出地位，融入經濟建設、政治建設、文化建設、社會建設各方面和全過程，努力建設美麗中國，實現中華民族永續發展。這個總體要求的核心和實質，就是要建設以資源環境承載力為基礎、以自然規律為準則、以可持續發展為目標的資源節約型、環境友好型社會，努力

走向社會主義生態文明新時代。此後，中共中央、國務院就推進生態文明建設做出一系列決策部署，印發了《關於加快推進生態文明建設的意見》和《生態文明體制改革總體方案》，生態文明建設已明確地成為中國現代化建設的戰略目標。

「綠水青山就是金山銀山」

「綠水青山就是金山銀山」是習近平在2005年提出的科學論斷。2017年，中共十九大報告中指出，堅持人與自然和諧共生，必須樹立和踐行「綠水青山就是金山銀山」的理念，堅持節約資源和保護環境的基本國策。「綠水青山就是金山銀山」體現了以人為本的民生思想，遵循了人與自然和諧共生的規律性認識，生動形象地表達了中國共產黨和政府大力推進生態文明建設的態度和決心。樹立和踐行「綠水青山就是金山銀山」的理念，就是要堅持尊重自然、順應自然、保護自然的原則，實行嚴格的生態環境保護制度，形成綠色發展方式和生活方式，走生產發展、生活富裕、生態良好的文明發展道路，為人民創造良好的生產生活環境，為全球生態安全做出貢獻。

環境保護法和環保體制

《中華人民共和國憲法》規定：「國家保護和改善生活環境和生態環境，防治污染和其他公害。」20世紀80年代，中國政府把環境保護確立為一項基本國策。1989年，第一部《環境保護法》正式頒佈，2014年修訂。近年來，中國陸續頒佈了《節約能源法》、《可再生能源法》、《循環經濟促進法》、《大氣污染防治行動計劃》、《水污染防治行動計劃》、《關於加快推進生態文明建設的意見》、《土壤污染防治行動計劃》等法律法規及文件，建立起國家和地方環境保護標準體系。

中國實行各級政府對當地環境質量負責，環境保護行政主管部門統一監督管理，各有關部門按照法律規定實施監督管理的環境管理體制。國家建立了全國環境保護部際聯席會議制度，並建立了區域環境督察派出機構，以加強部門和地區間的協調與合作。

生態護理

水污染治理

2008年，全國人大常委會修訂通過的《中華人民共和國水污染防治法》規定，水污染防治應當堅持預防為主、防治結合、綜合治理的原則，優先保護飲用水水源，嚴格控制工業污染、城鎮生活污染，防治農業面源污染，積極推進生態治理工程建設，預防、控制和減少水環境污染和生態破壞。

中國是嚴重缺水的國家。隨着城市化、工業化進程加速，污水排放量逐年上升，七大江河水系均受到不同程度的污染。這個問題早已引起中國政府的高度重視。1972年，官廳水庫水污染治理辦公室成立，這是中國水污染治理起步的標誌。1995年，從治理淮河起步，中國向污染最嚴重的河流水域開戰。從2003年起，國家環保總局每年向社會公佈全國重點流域、海域水污染防治工作年度進展情況。從2007年開始，國家投入數十億元資金，全面啟動「水體污染控制與治理」項目，突出飲用水安全、流域性環境治理和城市水污染治理三大重點。經過數年來的有效治理，一些污染嚴重的重點流域水環境已有明顯改善，水污染防治取得積極進展。

大氣污染治理

中國的大氣污染治理工作起步於20世紀70年代，主要從兩個方面入手，一是預防新污染的發展，二是對現有污染源進行治理，減輕大氣污染程度。1973年，中國頒佈了第一個環境標準《工業「三廢」排放試行標準》。2000年，九屆全國人大十五次會議通過修訂後的《大氣污染防治法》。2010年，國務院出台《關於推進大氣污染聯防聯控工作改善區域空氣品質指導意見》，這是中國第一個綜合性大氣污染防治政策，明確了大氣污染防治的指導思想、工作目標和重點措施。2012年，中國發佈新修訂的《環境空氣品質標準》，增加了細顆粒物（PM2.5）和臭氧（O_3）監測指標。2013年，國家出台《大氣污染防治行動計劃》，這個計劃被認為是中國有史以來最為嚴格的大氣治理行動計劃。中共十九大提出，將污染防治攻堅戰作為全面建成小康社會的三大攻堅戰之一，要求持續實施大氣污染防治行動，打贏藍天保衛戰。經過持續努力，中國的整體空氣品質已經逐年改善。

荒漠化治理

　　荒漠化是由於乾旱少雨、植被破壞、過度放牧、風雨侵蝕、土壤鹽漬化等因素造成的土壤退化現象，荒漠化的最終結果大多是沙漠化。荒漠化直接威脅人類的生存和發展，是不容忽視的全球性環境難題。

　　中國的荒漠化土地有風蝕、水蝕、凍融、土壤鹽漬化四種類型，主要分佈在西北地方。2001年，《中華人民共和國防沙治沙法》出台，中國成為世界上第一個為荒漠化防治專門立法的國家。2016年，《國家沙漠公園發展規劃（2016-2025年）》、《沙化土地封禁保護修復制度方案》等一系列規劃和制度方案出台，這些法律法規，為荒漠化防治工作提供了制度保障。

　　為改善生態環境，中國政府從1978年開始啟動「三北防護林工程」，即在西北、華北和東北地區建設大型人工林業生態工程。經過長期不懈努力，中國在荒漠化治理方面取得了舉世矚目的成就，率先在世界範圍內實現了土地退化零增長，荒漠化土地和沙化土地面積雙減少，為實現聯合國2030年土地退化零增長目標做出了巨大貢獻。

三北防護林示意圖

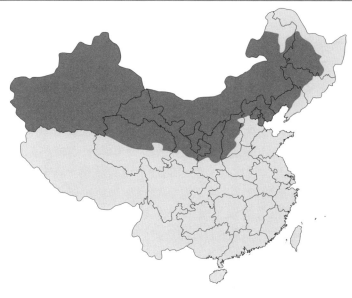

南海諸島

三北防護林建設總體規劃示意圖

建設總面積	主要戰略目標	工程建設期（三階段八期）	
東西長 4480 公里；南北寬 560-1460 公里；建設總面積 406.9 萬平方公里，佔中國陸地總面積的 42.4%	林地總面積由 2314 萬公頃擴大到 6084 萬公頃。	第一階段（1978-2000 年）	1978-1985 年 1986-1995 年 1996-2000 年
	當地森林覆蓋率由 5% 提高到 14.95%。		
	林木蓄積量由 7.2 億立方米增加到 42.7 億立方米。	第二階段（2001-2020 年）	2001-2010 年
	區域內平原和綠洲的農田全部實現林網化。		2011-2020 年
	大部分水土流失侵蝕模數降低到輕度以下。	第三階段（2021-2050 年）	2021-2030 年
	沙地和沙化土地得到有效治理，沙漠面積不再擴大。		2031-2040 年
	風沙危害和水土流失得到有效控制，生態環境和人民羣眾的生產生活條件從根本上得到改善。		2041-2050 年

垃圾分類處理

近年來，隨着經濟的發展，人們的物質消費水平不斷提升，各類垃圾的產生量也在迅速增長，由垃圾帶來的環保問題日益突出。垃圾分類可以提高垃圾的資源價值和經濟價值，減少垃圾處理量和處理設備的使用，降低處理成本，減少土地資源的消耗，具有社會、經濟、生態等幾方面的效益。

2000年，國家住房和城鄉建設部首先在北京、上海、廣州、深圳等8個城市開展了生活垃圾分類收集試點工作。2019年起，全國地級及以上城市全面啟動生活垃圾分類工作。這一年，《上海市生活垃圾管理條例》正式開始實施，率先將垃圾分類納入法治框架。上海明確了可回收物、有害垃圾、濕垃圾和乾垃圾四種生活垃圾分類標準，將以往的環保志願行動轉變為每個市民應盡的法律義務。北京、廣州、深圳等城市也先後就生活垃圾管理進行修法或立法，各地的垃圾分類標準各有不同，但最終目的都是希望通過督促引導，強化全流程分類，嚴格執法監管，讓更多人養成垃圾分類的好習慣，全社會一起為改善生活環境而努力，一起為綠色發展、可持續發展做出貢獻。

可回收物

適宜回收可循環利用的生活廢棄物。投放可回收物時，應盡量保持清潔乾燥，避免污染；立體包裝應清空內容物，清潔後壓扁投放；易破損或有尖銳邊角的應包裹後投放。

紙張	金屬	織物	塑料	玻璃製品	其他

 有害垃圾

分類投放有害垃圾時，應盡量輕放。易破碎的及廢棄藥品應連帶包裝或包裹後投放；壓力罐裝容器應排空內容物後投放。

電池	藥品	燈管	油漆、膠片	溫度計	殺蟲劑

 濕垃圾

即易腐爛垃圾，易腐的生物質生活廢棄物。濕垃圾應從產生時就與其他品種垃圾分開收集。投放前盡量瀝乾水分，有外包裝的應去除外包裝投放。

剩飯剩菜	瓜皮果核	花卉植物	過期食品	加工食品	食材廢料

 乾垃圾

將除可回收物、有害垃圾、濕垃圾以外的其他生活廢棄物投入乾垃圾收集容器，並保持周邊環境整潔。

塑膠袋	骨頭貝殼	花盆陶瓷	煙蒂	餐盒	紙巾

環境保護

綠色發展

2015年，習近平提出了創新、協調、綠色、開放、共用的五大發展理念，「綠色發展」是其中之一。綠色發展注重的是解決人與自然和諧相處的問題。中共十九大報告指出，加快建立綠色生產和消費的法律制度和政策導向，建立健全綠色低碳循環發展的經濟體系。構建市場導向的綠色技術創新體系，發展綠色金融，壯大節能環保產業、清潔生產產業、清潔能源產業。推進能源生產和消費革命，構建清潔低碳、安全高效的能源體系。推進資源全面節約和循環利用，實施國家節水行動，降低能耗、物耗，實現生產系統和生活系統循環連結。倡導簡約適度、綠色低碳的生活方式，反對奢侈浪費和不合理消費，開展創建節約型機關、綠色家庭、綠色學校、綠色社區和綠色出行等行動。

藍天保衛戰

「藍天保衛戰」由時任國務院總理李克強在2017年的政府工作報告中提出，主要是針對大氣環境治理而言的。報告明確提出了「2017年二氧化硫、氮氧化物排放量要分別下降3％，重點地區細顆粒物（PM2.5）濃度明顯下降」的具體目標。為此，報告提出了五方面的舉措：加快解決燃煤污染問題；全面推進污染源治理；強化機動車尾氣治理；有效應對重污染天氣；嚴格環境執法和督查問責。中共十九大報告進一步強調，堅持全民共治、源頭防治，持續實施大氣污染防治行動，打贏藍天保衛戰。2018年，國務院印發《打贏藍天保衛戰三年行動計劃》，明確了大氣污染防治工作的總體思路、基本目標、主要任務和保障措施，提出了打贏藍天保衛戰的時間表和路線圖。2021年，生態環境部宣佈，「十三五」提出的總體目標和量化指標已經超額實現，《打贏藍天保衛戰三年行動計劃》圓滿收官。

生態補償制度

2021年，中共中央辦公廳、國務院辦公廳印發《關於深化生態保護補償制度改革的意見》。生態補償制度是以防止生態環境破壞、增強和促進生態系統良性發展為目的，以從事對生態環境產生或可能產生影響的生產、經營、開

發、利用者為對象，以生態環境整治及恢復為主要內容，以經濟調解為手段，以法律為保障的新型環境管理制度。它可分為廣義和狹義兩種，廣義包括對污染環境的補償和生態功能的補償，狹義則專指對生態功能或生態價值的補償。中國政府堅持「誰開發誰保護、誰受益誰補償」的原則，完善重點地區生態功能區的生態補償機制。生態保護補償制度作為生態文明制度的重要組成部分，是落實生態保護權責、調動各方生態保護積極性、推進生態文明建設的重要手段。

自然保護區

中國政府歷來重視生物多樣性保護，出台一系列相關法律法規，建立自然保護區及人工繁育基地，在生物多樣性保護方面取得了世人矚目的成就。

建立自然保護區是保護生態環境、生物多樣性和自然資源最重要、最經濟、最有效的措施。中國的自然保護區分為國家級自然保護區和地方各級自然保護區，地方級又包括省、市、縣三級自然保護區。按照性質劃分，自然保護區可分為科研保護區、國家公園、管理區和資源管理保護區。

1994年，國務院頒佈實施了《中華人民共和國自然保護區條例》，2017年又對該條例進行了修改。2010年，中國成立生物多樣性保護國家委員會，印發《中國生物多樣性保護戰略與行動計劃（2011-2030年）》，把生物多樣性保護納入各類規劃，生物多樣性就地和遷地保護取得極大進展，自然生態系統和重要的野生動植物種羣得到很好的保護。目前，中國已建立各級各類自然保護地近萬處，其中國家級自然保護區474個，各類陸域自然保護地面積達到170多萬平方公里。

名列世界生物圈保護區名單的中國自然保護地

長白山自然保護區	臥龍自然保護區
鼎湖山自然保護區	梵淨山自然保護區
武夷山自然保護區	錫林郭勒草原自然保護區
神農架自然保護區	博格達峯自然保護區
鹽城自然保護區	西雙版納自然保護區
天目山自然保護區	茂蘭自然保護區
九寨溝自然保護區	豐林自然保護區
南麂列島自然保護區	山口自然保護區
白水江自然保護區	黃龍自然保護區
高黎貢山自然保護區	寶天曼自然保護區
賽罕烏拉自然保護區	達賚湖自然保護區
五大連池自然保護區	亞丁自然保護區
珠穆朗瑪峯自然保護區	佛坪自然保護區
黑龍江興凱湖自然保護區	廣東車八嶺自然保護區
廣東封開黑石頂保護區	梅花山自然保護區
寧德兔耳嶺自然保護區	蛇島 - 老鐵山自然保護區
大興安嶺汗馬自然保護區	黃山生物圈保護區

（截至 2021 年 2 月 1 日，被聯合國教科文組織「人與生物圈計劃」列為國際生物圈保護區的自然保護區共有 34 家，它們皆為國家級自然保護區。）

全球氣候

應對氣候變化

　　氣候變化是全人類的共同挑戰。應對氣候變化，事關中華民族永續發展，關乎人類前途命運。中國高度重視應對氣候變化。作為世界上最大的發展中國家，中國克服自身經濟、社會等方面困難，實施一系列應對氣候變化的戰略、措施和行動，參與全球氣候治理，應對氣候變化取得了積極成效。

　　中國是最早制定實施《應對氣候變化國家方案》的發展中國家，先後制定和修訂了《節約能源法》、《可再生能源法》、《循環經濟促進法》、《清潔生產促進法》、《森林法》、《草原法》和《民用建築節能條例》等一系列法律法規，把這些法律法規作為應對氣候變化的重要手段。中國是近年來節能減排力度最大的國家，也是新能源和可再生能源增長速度最快的國家。

　　中共十八大以來，中國貫徹新發展理念，將應對氣候變化擺在國家治理更加突出的位置，以最大努力提高應對氣候變化力度，推動經濟社會發展全面綠色轉型，建設人與自然和諧共生的現代化。作為負責任的國家，中國積極推動共建公平合理、合作共贏的全球氣候治理體系，為應對氣候變化貢獻了中國智慧中國力量。

國際環境合作

　　作為環境大國，中國始終以積極的態度參加全球環境活動，並在國際環境事務中發揮建設性作用。目前，中國共參加了50多項涉及環境保護的國際條約，並積極履行這些條約規定的義務。中國在國際上首創了「中國環境與發展國際合作委員會」的模式。這個委員會是政府的高級諮詢機構，委員會中的世界著名專家先後向中國政府提出了許多建設性建議，這一模式被國際社會譽為國際環境合作的典範。中國積極參與和推動區域環境合作，以周邊國家為重點的區域合作框架初步形成。中國保持着與聯合國環境規劃署、聯合國開發計劃署、全球環境基金、世界銀行、亞洲開發銀行等國際組織的良好合作關係，並開展卓有成效的合作。世界各國的民間環保組織，如世界自然基金會、國家愛護動物基金會等，與中國的有關部門和民間組織也開展了多領域的合作，取得了積極成果。

社會與民生篇

中國社會

中國特色社會主義

　　中國特色社會主義是科學社會主義的基本原則與中國實際相結合的產物，具有鮮明的時代特徵和中國特色。中國共產黨領導是中國特色社會主義最本質的特徵。

　　1982年，鄧小平在中共十二大開幕詞中指出，「把馬克思主義的普遍真理同我國的具體實際結合起來，走自己的路，建設有中國特色的社會主義」，第一次提出建設中國特色社會主義的重大命題。此後，建設中國特色社會主義就成為中國共產黨全部理論和實踐的鮮明主題。中國特色社會主義包含道路、理論體系和制度三個層面。道路是實現途徑，理論體系是行動指南，制度是根本保障，三者統一於中國特色社會主義偉大實踐上。中國特色社會主義，從理論和實踐結合上系統回答了在中國這樣人口多底子薄的東方大國建設甚麼樣的社會主義、怎樣建設社會主義這個根本問題。當前，建設中國特色社會主義，總依據是社會主義初級階段，總佈局是經濟建設、政治建設、文化建設、社會建設、生態文明建設「五位一體」，總任務是實現社會主義現代化和中華民族偉大復興。

社會保障制度

　　社會保障是民生之安，是現代國家重要的社會經濟制度，主要包括社會保險、社會救助、社會福利和慈善事業等內容，其中，社會保險是社會保障制度的核心部分，以養老保險、醫療保險、失業保險、工傷保險、生育保險五大社會保險為核心。

　　中國政府高度重視社會保障體系建設，積極致力於建立健全同經濟發展水平相適應的社會保障體系。新中國成立之初，適應計劃經濟體制的要求，中國建立了以勞動保險為主的社會保障制度，最大限度地向人民提供各種社會保障。改革開放以來，圍繞國有企業改革、經濟體制轉軌，按照社會主義市場經濟體制的要求，中國對計劃經濟時期的社會保障制度進行了一系列改革，探索建立國家、企業、個人共同負擔的社會保障制度。近年來，國家相繼實施新型農村合作醫療制度、農村最低生活保障制度、城鎮居民基本醫療保險制度、新型農村和城鎮居民養老保險制度、失業工傷保險制度、社會救助制度等，啟動事業單位養老保險制度改革試點，社會保障進入統籌城鄉發展和制度創新完善的新階段。經過多年的改革發展，中國社會保障體系建設已經取得顯著成就。

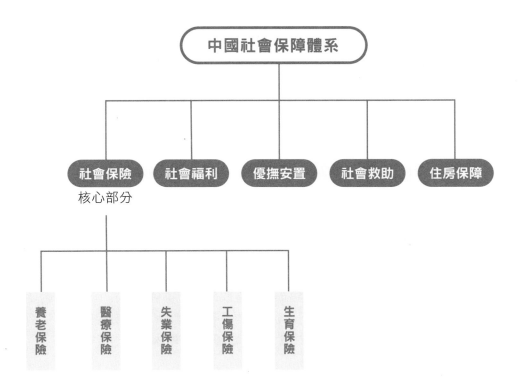

日常生活

扶貧策略

　　由於歷史和自然的原因，中國各地區之間和地區內部的經濟發展很不平衡，東部地區和中西部地區的經濟技術水平有很大差別，貧困地區的生產力發展比較緩慢。採取積極扶持措施，加快貧困地區的經濟發展，對加強社會安定團結、加速社會主義建設具有重要意義。

　　在計劃經濟時期，中國通過大規模基礎設施建設，初步建立了農村供銷合作及信用合作系統，形成了以「五保」制度和特困羣體救濟為主要內容的社會基本保障體系。20世紀80年代以後，中國政府開始有計劃地開展大規模的扶貧攻堅工作。黨的十八大以來，中央進行了精準扶貧模式的設計與規劃。所謂精準扶貧，就是針對不同貧困區域的環境以及不同貧困農戶的狀況，運用科學有效的程序，對扶貧對象實施精確識別、精確幫扶、精確管理。精準扶貧方略，是脫貧攻堅戰的重要組成部分，體現了一切從實際出發、遵循事物發展規律的科學態度。如今，中國的脫貧攻堅已經取得初步勝利，完成了消除絕對貧困的艱巨任務，這也標誌着中國扶貧工作的重心將從消除絕對貧困轉向解決相對貧困，從解決困難羣眾的基本生活問題轉向促進全體人民共同富裕。

就業與收入

　　就業是最大的民生，中國的就業政策始終堅持與經濟社會發展相適應，始終貫徹以人民為中心的發展理念。新中國成立後，為了優化勞動力配置結構，國家統一培訓和調配勞動力，形成了「統包統配」就業政策，這項政策一直延續到改革開放之前。改革開放之後，國家根據經濟發展的需要，探索新的就業政策，實現用人單位和勞動者之間的雙向選擇，就業政策開始轉向就業促進。1994年頒佈的《中華人民共和國勞動法》，將勞動合同制推廣到所有類型的企業，意味着計劃與市場、企業與勞動者的關係發生深刻變化，勞動者自主擇業就業能力普遍提高。2007年頒佈的《中華人民共和國就業促進法》，推行積極就業政策，形成法律與政策共同建構的就業調控體系。進入新時代之後，黨的十八大提出要「推動實現更高品質的就業」，《國民經濟和社會發展第十四個五年規劃》明確提出，實施就業優先戰略，緩解結構性就業矛盾。

　　隨着經濟的發展和就業率的提高，中國的人均收入也發生了極大變化。

中國人均 GDP 的增長

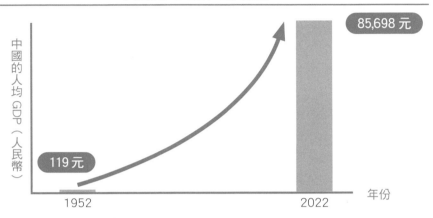

2022 年中國居民的人均收入與支出

可支配收入		消費支出	
36,883 元		24,538 元	
城鎮居民	49,283 元	30,391 元	
農村居民	20,133 元	16,632 元	

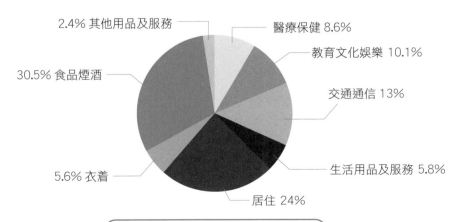

2022年中國居民人均消費構成

人口城鎮化

　　人口城鎮化是指農村人口轉變為城鎮人口、農業人口轉變為非農業人口的過程。城鎮化是現代化的必由之路，也是中國最大的需求潛力所在，對推動經濟社會平穩健康發展、構建新發展格局、促進共同富裕具有重要意義。

　　近年來，中國的城鎮化水平和品質穩步提升，人口城鎮化開始轉向提升品質的新階段。中國政府正在着力提高農業轉移人口市民化品質，深化戶籍制度改革，促進大中小城市和小城鎮協調發展，提升城市宜居宜業水平，為城市居民打造高品質生活空間，提供更多普惠便捷的公共服務。

中國城鎮人口佔總人口比例

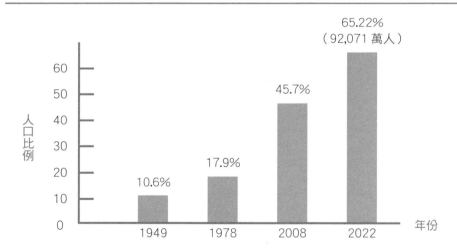

住房政策

　　住房問題是關係到民生與社會發展的重大問題。中國歷來高度重視解決民眾的住房問題。新中國成立後，中國共產黨和政府把解決住房問題、為人民羣眾創造安居樂業的生活條件作為民生工程的頭等大事來抓。當時的住房政策是國家統建統分，隨着人口的增長，這種有限的福利分房越來越難以滿足居民的住房需求。改革開放後，國家提出以商品房為主要發展方向的住房制度改革，

極大地改善了人民羣眾的住房條件。為了解決羣眾購買商品房的資金難題，1999年，國務院發佈《住房公積金管理條例》，並於2002年進行修訂。公積金制度對於促進中國住房體制由福利分房到貨幣化分房的轉軌發揮了積極作用。除了通過住房公積金制度保障購房資金，政府還推出了建設經濟適用房、公租房、廉租房等一系列措施，努力為中低收入和弱勢羣體提供住房保障。中共十八大以來，習近平提出了新時代中國住房制度改革提出的根本目標，要堅持「房子是用來住的，不是用來炒的」定位，「滿足羣眾基本住房需求、實現全體人民住有所居」。這一目標的確定，既是以人民為中心發展思想的集中體現，也是實現人民羣眾居住基本權利的客觀需要。

郵政服務

郵政體系是國家基礎設施和社會組織系統，承擔着最基本的社會公共服務功能。中華人民共和國成立後，在相當長的一段時期，郵政網點和郵政設施主要集中在大中城市，業務範圍也非常有限。改革開放之後，郵政事業「通政、通民、通商」的功能不斷拓展。中國郵政先後開辦國際、國內特快專遞業務，開中國大陸快遞業之先河。隨着市場經濟進一步發展，郵政企業已經無法滿足各行各業的需求，由國家郵政局監管的民營快遞企業迅速崛起。進入21世紀，電子商務的蓬勃發展成為快遞行業最大的推動力，順豐、申通、圓通、中通、韻達等民營快遞企業佔據了相當一部分市場份額，世界快遞巨頭FedEx、UPS、DHL等也正式進入中國市場。2020年，中國快遞業務量完成833.36億件，連續7年居世界第一位。

除了行業規模不斷提升以外，中國郵政行業的基礎設施也在持續完善，郵政服務的可及性、均衡性不斷提升，快遞服務遍佈城鄉。中國已經與200多個國家和地區建立了通郵關係，跨境寄遞、國際物流和海外倉業務迅速增長。郵政行業作為現代服務業的重要組成部分，在服務國家經濟發展和改善民生方面發揮着越來越重要的基礎作用。

中國郵政與郵政特快專遞標識

出入境管理

出入境管理是國家行政機關根據法律規定，對出入本國國境的本國公民或外國人行使主權的行政行為。中華人民共和國成立到改革開放初期，中國公民出入境管理處于嚴格管控狀態，出入境行為主要是公務活動。改革開放以後，中國公民出入境管理法律規範體系基本形成。進入21世紀之後，中國逐步放寬公民出入境管理限制，2002年開始在全國大中城市實行公民按需申領護照。2012年，國務院頒佈《中華人民共和國出境入境管理法》。2018年，國家移民管理局正式組建。由於特殊的歷史原因，中國內地居民因私前往香港或澳門特別行政區，需要辦理往來港澳通行證，大陸居民前往台灣地區，需要辦理大陸居民往來台灣通行證。

隨着中國經濟的快速增長和人們生活條件的改善，越來越多的中國公民走出國門，到國外旅行、求學。改革開放後至2019年的40年內，內地居民出境達15.5億人次。在中國公民出國越來越便利的同時，也有更多的外國人來中國旅遊、工作。2019年，外國人入出境9767.5萬人次，創歷史新高。

法律援助

法律援助是指由政府設立的法律援助機構或者非政府組織的律師，為經濟困難或特殊案件的人給予無償法律服務的法律保障制度。中國的法律援助制度始於20世紀90年代。1996年修正後的《刑事訴訟法》以及1996年通過的《律師法》初步確立了法律援助的制度要求。2003年，國務院頒佈了《法律援助條例》，立足政府職能，就法律援助制度的具體問題做出規定，基本構建了中國法律援助制度的框架。2013年，中共十八屆三中全會將法律援助制度提升到國家人權司法保障制度的高度，明確提出「完善法律援助制度」的改革目標。2015年，中共中央、國務院印發了《關於完善法律援助制度的意見》，提出了今後一段時期法律援助工作發展的指導思想、基本原則、政策措施和要求。2021年，十三屆全國人大常委會第三十次會議通過《中華人民共和國法律援助法》。

法律援助是扶助貧弱、保障社會弱勢羣體合法權益的社會公益事業，也是中國實踐依法治國方略、全面建設小康社會的重要舉措，在保障公民合法權益、實現公民在法律面前人人平等、健全完善社會保障體系等方面具有極為重要的意義。

婦女兒童權益保護

　　維護婦女兒童權益是世界關注的重要話題。新中國成立後，黨和國家十分重視維護婦女兒童權益。《中華人民共和國憲法》規定，婦女在政治、經濟、文化、社會和家庭生活等各方面享有同男子平等的權利。國家保護婦女權利和利益，實行男女同工同酬。母親和兒童受國家保護。20世紀90年代，中國先後制定未成年人保護法、婦女權益保障法，並對上述法律進行多次修改完善。制定實施三個週期的《中國婦女發展綱要》、《中國兒童發展綱要》。制定《母嬰保健法》、《反家庭暴力法》、《預防未成年人犯罪法等法律》，頒佈《女職工勞動保護特別規定》、《禁止使用童工規定》、《校車安全管理條例》、《未成年工特殊保護規定》等行政法規及部門規章，為保障婦女兒童權益奠定了法律基礎。

　　如今，中國的婦女兒童健康保障水平進一步提高，嬰兒死亡率、孕產婦死亡率大幅下降；婦女經濟社會參與能力不斷提升，女性就業人數佔全社會就業人數的比重超過四成。兒童得到特別關愛和特殊保護，孤兒、殘疾兒童、農村留守兒童、困境兒童等特殊羣體的保護得到加強和保障。

人民健康

健康中國策略

　　人民健康是民族昌盛和國家富強的重要標誌。中共十九大報告提出健康中國的發展戰略：

十九大報告提出健康中國戰略

1	**完善國民健康政策**	為人民群眾提供全方位全週期健康服務
2	**深化醫藥衛生體制改革**	全面建立中國特色基本醫療衛生制度，醫療保障制度和優質高效的醫療衛生服務體系，健全現代醫院管理制度
3	**加強基層醫療**	加強基層醫療衛生服務體系和全科醫生隊伍建設
4	**全面取消以藥養醫**	健全藥品供應保障制度
5	**堅持預防為主**	深入開展愛國衛生運動，倡導健康文明生活方式，預防控制重大疾病
6	**實施食品安全戰略**	
7	**堅持中西醫並重**	傳承發展中醫藥事業
6	**支援社會辦醫**	發展健康產業
8	**促進生育政策**	促進生育政策和相關經濟社會政策配套銜接，加強人口發展戰略研究
9	**積極應對人口老齡化**	構建養老、孝老、敬老政策體系和社會環境，推進醫養結合，加快老齡事業和產業發展

醫療服務體制

　　新中國成立之初，受限於近乎崩潰的國民經濟與薄弱的財政基礎，中國的醫療衛生資源嚴重短缺。20世紀50年代，中國建立勞保醫療制度和公費醫療制度，城鎮職工獲得基本醫療保障。與此同時，農村地區開始探索合作醫療制度。20世紀70年代末，這三種醫療保障制度在中國實現了廣泛覆蓋。1998年，城鎮職工基本醫療保險制度正式建立，標誌着中國醫療保障制度改革進入建立新型醫療保障制度階段。此後，中國先後建立新型農村合作醫療、城鎮居民基本醫療保險，後又整合為城鄉居民基本醫療保險，逐步實現參保人全覆蓋。目前，中國已經建立城鄉統一的居民基本醫療保險和大病保險制度，正逐步形成以基本醫療保險為主體，醫療救助為托底，其他保障措施共同發展的多層次醫療保障體系。隨着醫療保障制度的完善和醫療服務水平的提高，全民健康水平顯著提升。新中國剛成立時，中國的人均預期壽命只有35歲，目前，中國的人均預期壽命已經達到77歲。

中國的基本醫療保險體系

類型	籌資方式	用途
城鎮職工基本醫療保險	單位繳費	1. 於醫療保健體系下定點藥店消費 2. 醫院門診 3. 住院治療 4. 購買商業保險（個人賬戶）
	個人繳費	
城鄉居民基本醫療保險	個人繳費	
	財政補助	

防災減災

　　新中國成立以來，防災減災救災工作在實踐中不斷探索，走出了一條中國特色的防災減災救災之路。1950年，中央政府先後成立中央救災委員會、中央防汛總指揮部，強化救災工作統籌協調。十一屆三中全會後，防災減災救災事業快速發展。1989年成立中國國際減災十年委員會，後更名為國家減災委員會，統籌規劃全國防災減災體系建設。1998年，國務院印發《中華人民共和國減災規劃（1998-2010年）》，首次以國家專項規劃形式部署防災減災救災重點任務。1998年特大洪水後，中國共產黨黨中央做出災後重建、整治江湖、興修水利的重大戰略部署。2006年，國務院頒佈《國家突發公共事件總體應急預案》，首次將自然災害、事故災難、公共衛生事件、社會安全事件作為突發公共事件實施統一管理。2018年，根據國務院機構改革方案，中華人民共和國應急管理部組建成立，整合水旱災害、森林草原火災、地震地質災害防範救援和減災救災等相關職責，全面增強防災減災救災工作系統性、整體性。近年來，中國多次成功應對重特大災害，最大限度地保障了人民生命財產安全。同時，防災減災救災體制機制法制不斷完善，自然災害防治工程加快建設，防災減災基礎能力明顯增強，搶險救援救災能力顯著提升。

重大疾病防治

　　重大疾病包括心血管病、癌症、慢性呼吸系統疾病以及糖尿病等慢性病以及傳染病和地方病等。重大疾病是國際公認的威脅居民健康的主要疾病，也是影響健康預期壽命的重要因素。

　　國家衛生健康委負責制定的《健康中國行動（2019-2030年）》發展戰略和國務院頒佈的《「健康中國2030」規劃綱要》都明確提出，中國將針對心腦血管疾病、癌症、慢性呼吸系統疾病、糖尿病這四類重大慢性病開展防治行動。實施慢性病綜合防控戰略，加強國家慢性病綜合防控示範區建設。強化慢性病篩查和早期發現，針對高發地區重點癌症開展早診早治工作，推動癌症、腦卒中、冠心病等慢性病的機會性篩查。基本實現高血壓、糖尿病患者管理干預全覆蓋，逐步將符合條件的癌症、腦卒中等重大慢性病早診早治適宜技術納入診療常規。將監測、檢測、早診早治、規範化治療等建議貫穿重大疾病防治

行動，開展健康知識普及、控煙、心腦血管疾病防治、癌症防治等重大專項行動，促進以治病為中心向以人民健康為中心轉變，倡導健康文明生活方式，預防控制重大疾病。

非典防治

傳染性非典型肺炎，又稱SARS，是一種因感染SARS病毒而導致的呼吸道傳染病。2003年，中國一些地方發生非典疫情，對人民群眾的健康構成嚴重威脅。在中共中央和國務院的領導下，全國展開了抗擊非典的鬥爭。

中國政府將SARS列入法定傳染病，依照傳染病防治法進行管理。國務院頒佈了《突發公共衛生事件應急條例》，衛生部制訂了《傳染性非典型肺炎防治管理辦法》，完善了疫情信息報告制度和預防控制措施，把防治工作納入法制化軌道。國務院成立防治非典指揮部，各級地方政府把防治工作作為最主要的任務，明確責任，集中力量，實行統一指揮，整合醫療衛生資源，加大防治力度。各地加強農村防治，實行羣防羣控，加強交通檢疫，建立追蹤尋訪機制。集中優勢資源，確定定點醫院集中收治患者。集中最優秀的中西醫專家密切合作，研究有效的治療方法，提高治癒率。加大政府投入，實行醫療救助。開展技術交流，加強科技攻關。中國與世界衛生組織和有關國家保持合作與交流，共同研究防治SARS的有效手段和措施。2002年末，非典疫情在全國部分地區先後發生，2003年6月，疫情得到有效控制。

新冠肺炎疫情防控

新型冠狀病毒肺炎，簡稱「新冠肺炎」，世界衛生組織命名為COVID-19（2019冠狀病毒），指2019新型冠狀病毒感染導致的肺炎。新冠疫情自2020年初開始在全球爆發，給世界帶來前所未有的挑戰，也考驗了各國的國家治理能力。在人民生命安全和身體健康受到嚴重威脅的重大時刻，中國共產黨和中國政府始終堅持人民至上、生命至上，凝聚抗疫強大合力，再次向世界彰顯以人為本的執政理念。疫情發生後，中國政府成立中央應對疫情工作領導小組，建立國務院聯防聯控機制，把提高收治率和治癒率、降低感染率和病亡率作為

突出任務，全力以赴救治患者，費用全部由國家承擔。2020年初，中國用一個多月的時間初步遏制住了疫情蔓延勢頭，用兩個月左右的時間控制住了本土新增病例。在此基礎上，政府統籌推進疫情防控和經濟社會發展工作，健全及時發現、快速處置、精準管控、有效救治的常態化防控機制。中國的新冠病毒疫苗研發從啟動到全球首個開展臨床研究，僅用時兩個月，創造了歷史紀錄。在世界人口大國中，中國的新冠疫苗接種速度最快，覆蓋面最廣，為全球抗疫貢獻了智慧和力量。

醫療人才

醫療人才是推進醫療衛生事業發展、維護人民健康的重要保障。新中國成立以來，特別是改革開放後，中國的醫療衛生事業取得顯著成就，醫療人才規模不斷擴大，人才品質不斷提高。截至2022年年末，中國的衛生技術人員達到1155萬人，其中執業醫師和執業助理醫師440萬人，註冊護士520萬人。不過，由於中國人口眾多，醫藥衛生人才總量仍然不足，基層衛生人才嚴重短缺。為此，2011年，衛生部印發《醫藥衛生中長期人才發展規劃（2011-2020年）》，提出加快實施人才強衛戰略，突出醫藥衛生人才發展機制創新，完善醫藥衛生人才發展政策，推進醫藥衛生人才全面協調發展。具體措施是：強化基層醫療衛生人才隊伍建設，加強公共衛生人才隊伍建設，大力開發醫藥衛生急需緊缺專門人才，加強高層次醫藥衛生人才隊伍建設，統籌推進其他各類醫藥衛生人才隊伍建設。同時，建立住院醫師規範化培訓制度、全科醫師制度、公共衛生專業人員管理制度，完善村級衛生人員管理制度。開展基層醫療衛生人才支持計劃、醫學傑出骨幹人才推進計劃、緊缺專門人才開發工程、中醫藥傳承與創新人才工程、醫師規範化培訓工程等重大工程。

體育發展

體育事業

新中國成立以來，中國共產黨帶領中國人民甩掉了「東亞病夫」的帽子，通過發展以人民為中心的體育，提高了人民羣眾的身體素質和生活品質，徹底改變了中國人民的精神面貌，中國的體育事業也從小到大，從弱到強，取得了舉世矚目的成就。黨的十八大以來，黨中央將全民健身上升為國家戰略，推動全民健身和全民健康的深度融合，加快推進體育強國建設。多年來，中國人通過全民體育強健身體，同時，競技體育取得輝煌成就，而且，中國已成為世界最大的體育用品製造基地，體育產業從無到有，在中國經濟的大格局中扮演着越來越重要的角色。中國是奧林匹克事業堅定的支持者和踐行者，2008年夏季奧運會和2022年冬季奧運會的成功舉辦，更是極大地激發了中華兒女的愛國熱情和民族自豪感。北京已經成為世界上首座「雙奧之城」。

新中國成立後，中國的競技體育舉國體制逐步發展，形成了適合中國國情的運動訓練和體育競賽體系，主要包括由三級訓練網構成的人才培養模式、優秀運動隊的管理模式、「三從一大」為核心的訓練模式、「國內練兵、一致對外」的競賽模式和「縮短戰線、確保重點」的發展模式。從新中國成立至2020年，中國運動員在奧運會、世界盃、世界錦標賽等各類國際大賽中，共獲得世界冠軍3588個，創世界紀錄1351次。陳鏡開的第一個世界紀錄、容國團的第一個世界冠軍、許海峯的第一枚夏季奧運會金牌、楊揚的第一枚冬季奧運會金牌，都記錄着體育大國的崛起歷程，成為中國勇於爭先、敢拼敢贏的歷史見證。

從2009年起，國家將每年的8月8日設為「全民健身日」，運動健身成為人民的生活方式，體育也回歸教育的本質，助力青少年的健康成長和社會的文明進步。2019年，國務院辦公廳印發《體育強國建設綱要》，部署推動體育強國建設，再次明確了中國體育發展的目標和任務。發展體育事業不僅是實現中國夢的重要內容，還能為中華民族偉大復興提供凝心聚力的強大精神力量。目前，中國正在從體育大國向體育強國邁進。

中華人民共和國參與歷屆奧運會以及獲得的金牌數與獎牌數

舉辦年份	夏季/冬季奧運會	奧運會舉辦地	金牌	銀牌	銅牌	總數
1952	夏季	芬蘭赫爾辛基	/	/	/	/
1984	夏季	美國洛杉磯	15	8	9	32
1988	夏季	韓國漢城（首爾）	5	11	12	28
1992	夏季	西班牙巴塞羅那	16	22	16	54
1996	夏季	美國亞特蘭大	16	22	12	50
2000	夏季	澳大利亞悉尼	28	16	15	59
2004	夏季	希臘雅典	32	17	14	63
2008	夏季	中國北京	51	21	28	100
2012	夏季	英國倫敦	38	27	23	88
2016	夏季	巴西里約熱內盧	26	18	26	70
2021	夏季	日本東京	38	32	18	88
1980	冬季	美國普萊西德湖	/	/	/	/
1984	冬季	南斯拉夫薩拉熱窩	/	/	/	/
1988	冬季	加拿大卡爾加里	/（女子1000米短道速滑表演賽金牌）	/	/（女子500米和1500米短道速滑表演賽銅牌）	/
1992	冬季	法國阿爾貝維爾	/	3	/	3
1994	冬季	挪威利勒哈默爾	/	1	2	3

舉辦年份	夏季/冬季奧運會	奧運會舉辦地	金牌	銀牌	銅牌	總數
1998	冬季	日本長野	/	6	2	8
2002	冬季	美國鹽湖城	2	2	4	8
2006	冬季	意大利都靈	2	4	5	11
2010	冬季	加拿大溫哥華	5	2	4	11
2014	冬季	俄羅斯索契	3	4	2	9
2018	冬季	韓國平昌	1	6	4	11
2022	冬季	中國北京	9	4	2	15

《體育強國建設綱要》

2019 年，國務院辦公廳印發《體育強國建設綱要》，綱要提出以下時間節點與目標：

時間	目標	五大戰略任務
2020 年	建立與全面建成小康社會相適應的體育發展新機制	1. 落實全民健身國家戰略，助力健康中國建設；
2035 年	形成政府主導有力、社會規範有序、市場充滿活力、人民積極參與、社會組織健康發展、公共服務完善、與基本實現現代化相適應的體育發展新格局，體育治理體系和治理能力實現現代化	2. 提升競技體育綜合實力，增強為國爭光能力； 3. 加快發展體育產業，培育經濟轉型新動能； 4. 促進體育文化繁榮發展，弘揚中華體育精神；
2050 年	全面建成社會主義現代化體育強國，體育成為中華民族偉大復興的一個標誌性事業	5. 加強對外和對港澳台體育交流，服務大國特色外交和「一國兩制」事業

全民健身

　　新中國成立以來，羣眾體育工作始終以服務黨和國家發展任務為目標，以滿足人民羣眾體育健身需求為出發點，走出了一條開拓創新、奮發有為的中國特色發展道路。1995年，中國第一個羣眾體育發展專門規劃《全民健身計劃綱要》出台，2009年又頒佈了第一部體育健身行政法規《全民健身條例》。十八大以來，政府順應新時代需求，出台了諸多推動體育發展的政策文件。2014年，全民健身上升為國家戰略。近年來，中國的羣眾體育運動蓬勃發展，人民羣眾的健康水平持續提高，全民健身意識極大增強，健身設施遍佈城鄉。截至2022年底，全國共有體育場地422.68萬個，體育場地面積達到37.02億平方米，人均體育場地面積2.62平方米，經常參加體育鍛煉人數超過5億。

「一國兩制」與祖國統一篇

「一國兩制」

鄧小平與「一國兩制」構想的提出

　　「一國兩制」的構想是鄧小平在1979年針對台灣問題提出的。1982年，全國人大第五次會議通過的《中華人民共和國憲法》，增加了設立特別行政區的規定，為「一國兩制」的實施提供了法律依據。

　　「一國兩制」的構想是根據中國的實際情況提出來的，既體現了實現祖國統一、維護國家主權的原則性，又充分考慮到台灣的歷史和現實，體現了高度的靈活性。實行「和平統一、一國兩制」，有利於祖國統一和民族復興，有利於世界和平與發展，因而得到海內外華人、僑胞和世界輿論的普遍理解和讚揚。在「和平統一、一國兩制」基本方針和各項政策的推動下，海峽兩岸關係有了很大的發展，兩岸人民往來以及科技、文化、體育等各個領域的交流蓬勃發展，兩岸經濟相互促進、互補互利的局面已初步形成。「一國兩制」在香港和澳門回歸中國後已經成功實施，香港和澳門的順利回歸以及繁榮穩定的局面，為解決台灣問題創造了有利條件。

香港回歸與中華人民共和國香港特別行政區的成立

　　香港特別行政區位於珠江口東岸，陸地面積約1114平方公里，人口約750萬。香港是亞洲的繁華大都市，也是國際金融中心之一，擁有條件優越的天然深水港，以自由的經濟體系聞名於世。內地是香港最大的交易伙伴，也是香港飲用水、蔬菜、肉禽蛋的主要來源地。

　　1840年鴉片戰爭之後，香港被英國通過《南京條約》、《北京條約》和《展拓香港界址專條》三個不平等條約逐步侵佔。從1982年起，中國政府與英國政府開始就香港問題展開談判，最終在1984年正式簽署了《中英聯合聲明》。1997年7月1日，中國恢復對香港行使主權，香港特別行政區成立。中國政府在香港特別行政區實行「一國兩制」、「港人治港」、高度自治的基本方針。香港特別行政區享有行政管理權、立法權、獨立的司法權和終審權。經歷百年滄桑的香港回歸祖國，標誌着香港同胞從此成為祖國這塊土地上的真正主人，香港的發展從此進入一個嶄新的時代。

澳門回歸與中華人民共和國澳門特別行政區的成立

澳門特別行政區位於珠江口西岸，陸地面積32.9平方公里，人口超過67萬，是全球人口密度最高的地區之一。澳門是國際貿易自由港，旅遊業和博彩業是最重要的經濟支柱。

澳門自明代起逐步被葡萄牙侵佔。1582年，中葡簽訂澳門借地協約。1887年，清朝與葡萄牙籤訂多項不平等條約，准許葡國永駐管理澳門以及屬澳之地，葡萄牙從此佔領澳門一百多年。1986年，中國與葡萄牙政府正式展開解決澳門問題的談判。1987年，中葡兩國政府正式簽署《中葡聯合聲明》。1999年12月20日，中國政府對澳門恢復行使主權，澳門特別行政區成立。中國政府在澳門特別行政區實行「一國兩制」、「澳人治澳」、高度自治的基本方針。澳門特別行政區享有行政管理權、立法權、獨立的司法權和終審權。澳門回歸是繼香港回歸後中國人民在完成祖國統一大業道路上樹立的又一個歷史豐碑。

香港回歸現場

澳門回歸現場

港區國安法

　　港區國安法，即《中華人民共和國香港特別行政區維護國家安全法》，2020年6月由十三屆全國人大常委會第二十次會議表決通過。

　　《香港特別行政區維護國家安全法》共有6章、66條，是一部兼具實體法、程序法和組織法內容的綜合性法律。其中規定，中央人民政府對香港特別行政區有關的國家安全事務負有根本責任。香港特別行政區負有維護國家安全的憲制責任，應當履行維護國家安全的職責。這部法律的制定，是為了堅定不移並全面準確貫徹「一國兩制」、「港人治港」、高度自治的方針，維護國家安全，防範、制止和懲治與香港特別行政區有關的分裂國家、顛覆國家政權、組織實施恐怖活動和勾結外國或者境外勢力危害國家安全等犯罪，保持香港特別行政區的繁榮和穩定，保障香港特別行政區居民的合法權益。除了法律制度，港區國安法還從中央和特別行政區兩個層面明確規定了香港維護國家安全的執行機制。這部法律的頒佈和實施，既能為在香港特別行政區有效地維護國家安全提供制度和機制保障，又能切實推進中央對香港全面管治權的落實，具有重大的現實意義和深遠的歷史意義。

國家「十四五」規劃與港澳發展

　　香港、澳門回歸祖國以來，在融入國家發展大局過程中獲得了廣闊發展空間。同時，港澳在國家改革開放與現代化建設中也發揮了重要作用。保持香港、澳門長期繁榮穩定，既是「一國兩制」方針政策的出發點和落腳點，又是港澳社會的根本利益所在。

　　《中華人民共和國國民經濟和社會發展第十四個五年規劃和2035年遠景目標綱要》，即「十四五」規劃，提出了「十四五」時期保持香港、澳門長期繁榮穩定的重點任務和主要舉措。主要內容包括：全面準確貫徹「一國兩制」「港人治港」「澳人治澳」、高度自治的方針，維護憲法和基本法確定的特別行政區憲制秩序，落實中央對特別行政區全面管治權，落實特別行政區維護國家安全的法律制度和執行機制，維護國家主權、安全、發展利益和特別行政區社會大局穩定。支持港澳鞏固提升競爭優勢，更好融入國家發展大局。支持香港提升國際金融、航運、貿易中心和國際航空樞紐地位。支援香港國際創新科

技中心建設。支持香港服務業向高端高增值方向發展。支持港澳發展旅遊業。

支持澳門經濟適度多元發展。支持港澳參與國家雙向開放和「一帶一路」建設。深化內地與港澳各領域交流合作，支持港澳更好融入國家發展大局。

香港特別行政區維護國家安全委員會

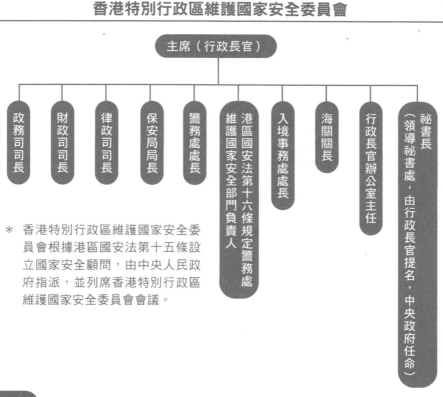

主席（行政長官）

- 政務司司長
- 財政司司長
- 律政司司長
- 保安局局長
- 警務處處長
- 維護國家安全部門負責人
- 港區國安法第十六條規定警務處
- 入境事務處處長
- 海關關長
- 行政長官辦公室主任
- 祕書長（領導祕書處，由行政長官提名，中央政府任命）

* 香港特別行政區維護國家安全委員會根據港區國安法第十五條設立國家安全顧問，由中央人民政府指派，並列席香港特別行政區維護國家安全委員會會議。

職責

1. 分析研判香港特別行政區維護國家安全形勢

2. 規劃有關工作

3. 制定香港特別行政區維護國家安全政策

4. 推進香港特別行政區維護國家安全的法律制度和執行機制建設

5. 協調香港特別行政區維護國家安全的重點工作和重大行動

「十三五」時期港澳經濟社會發展成就

港澳傳統優勢不斷鞏固提升，新經濟增長動能逐漸形成	1. 香港國際金融、航運、貿易中心地位繼續保持 2. 香港國際創新科技中心加快建設 3. 澳門「一中心、一平台」建設持續推進，經濟適度多元發展取得進展
港澳與內地合作交流不斷深化	1. 經貿聯繫更加緊密 2. 香港與內地金融合作不斷深化 3. 港澳與內地司法領域交流合作不斷加強 4. 科技、文化、民生等領域合作不斷擴展
港澳進一步融入國家發展大局	1. 港澳積极參與助力「一帶一路」建設 2. 粵港澳大灣區建設取得重大進展

「十四五」時期保持香港、澳門長期繁榮穩定的重點任務和主要舉措

支援港澳鞏固提升競爭優勢	1. 支援香港提升國際金融、航運、貿易中心和國際航空樞紐地位 2. 支援香港國際創新科技中心建設 3. 支援香港服務業向高端高增值方向發展 4. 支援港澳發展旅遊業

支援港澳參與國家雙向開放和「一帶一路」建設

深化內地與港澳各領域交流合作，支援港澳更好融入國家發展大局

民族復興與台灣問題的解決

　　台灣問題的產生和演變，同中華民族的命運休戚相關。近代中國積貧積弱，台灣曾被外族侵佔長達半個世紀。內戰的延續又導致兩岸隔海對峙，手足分離，給兩岸同胞留下痛苦的記憶。民族和國家的興衰決定着台灣的命運前途。台灣問題因民族弱亂而產生，必將隨着民族復興而解決，這是中華民族歷史演進的大勢所決定的。

　　「和平統一、一國兩制」是解決台灣問題的基本方針，也是實現國家統一的最佳方式。以和平方式實現祖國統一，最符合包括台灣同胞在內的中華民族的整體利益。祖國完全統一、民族偉大復興的光榮偉業，應該由兩岸同胞共同創造完成。中華民族具有反對分裂、維護統一的光榮傳統。數典忘祖、背叛祖國的人，必將遭到人民的唾棄和歷史的審判。習近平主席在多次講話中，都將兩岸統一納入中華民族的偉大復興戰略之中，一方面主張兩岸同胞共同實現中華民族偉大復興的中國夢，另一方面主張在共同實現中華民族偉大復興的過程中來實現兩岸和平統一。這一主張，豐富了新時代堅持「一國兩制」、推進祖國和平統一基本方略的重要內涵。

責任編輯　楊　歌
封面設計　Sands Design Workshop
版式設計　鄧佩儀
排　　版　鄧佩儀
印　　務　劉漢舉

中國國情知識讀本

書棠 / 編著

出版 | 中華教育
香港北角英皇道 499 號北角工業大廈 1 樓 B 室
電話：(852) 2137 2338　傳真：(852) 2713 8202
電子郵件：info@chunghwabook.com.hk
網址：http://www.chunghwabook.com.hk

發行 | 香港聯合書刊物流有限公司
香港新界荃灣德士古道 220-248 號 荃灣工業中心 16 樓
電話：(852) 2150 2100　傳真：(852) 2407 3062
電子郵件：info@suplogistics.com.hk

印刷 | 美雅印刷製本有限公司
香港觀塘榮業街 6 號海濱工業大廈 4 字樓 A 室

版次 | 2024 年 2 月第 1 版第 1 次印刷
©2024 中華教育

規格 | 16 開（230mm x 170mm）

ISBN | 978-988-8860-97-5